L'univers est un hologramme

Nous vivons dans une simulation

E. Van Herwi

AVERTISSEMENT

Ce livre propose essentiellement des théories scientifiques du modèle standard et de la mécanique quantique, mais également des passages présentant un modèle cosmologique non reconnu par la science établie. Volontairement ignoré pour des problèmes d'intérêts financiers et géopolitiques, ce modèle explique que nous vivons en réalité à l'intérieur d'un globe et non sur la surface. C'est ce qu'on appelle la théorie de la Terre concave. (voir *https://laterreestconcave.home.blog/*)
Si j'ai désiré l'incorporer à cet ouvrage c'est parce qu'elle peut constituer une preuve majeure dans le principe holographique et l'hypothèse de la simulation.

Sommaire

1/ Introduction — 5
2/ Le big bang ; une impulsion — 8
- 2.1/ L'univers a débuté par une impulsion
- 2.2/ Réglage fin de l'univers

3/ L'abiogenèse est impossible — 14
4/ L'atome est vide à 99 % — 19
5/ Rien ne va plus vite que la lumière — 23
6/ La zone de la Boucle d'Or — 29
- 6.1/ La vraie forme de la Terre
- 6.2/ La Terre est au nombre d'or
- 6.3/ La recherche extraterrestre

7/ Le design intelligent — 51
- 7.1/ Le nombre d'or ; la preuve mathématique
- 7.2/ Les preuves physiques du design intelligent

8/ La forme de l'univers — 81
9/ L'univers holographique — 84
- 9.1/ Espace-temps anti-de Sitter
- 9.2/ Univers parallèles
- 9.3/ La réalité objective n'existe pas
- 9.4/ L'univers pixelisé
- 9.5/ Les bugs dans la matrice
- 9.6/ L'univers n'est pas réel
- 9.7/ L'espace temps contient un code de correction d'erreur

10/ La fascinante similitude entre le réseau neuronal et la matière noire — 113
11/ La conscience et le cerveau — 118

- 11.1/ Le cerveau
- 11.2/ Où est la conscience ?
- 11.3/ La conscience sous LSD
- 11.4/ Le cerveau quantique
- 11.5/ Comment savoir si vous n'êtes pas le seul être conscient de l'univers ?
- 11.6/ Les rêves
- 11.7/ Un document explosif de la CIA ; "Le processus de la passerelle"

12/ Quand les robots prennent conscience d'eux-mêmes   217
13/ Distinguer la réalité de la fiction   221
14/ Quelle est la nature de la simulation ?   227
- 14.1/ Timeline des jeux vidéos
- 14.2/ NPC ou RPG
- 14.3/ La simulation et son créateur
- 14.4/ Après la mort physique

15/ Vers une théorie du tout ? (Épilogue)   251
16/ Références   252

1/ Introduction

« La réalité n'est qu'une illusion, bien que très persistante. »
Albert Einstein

S'il constitue une des théories physiques les plus abouties et qu'il explique beaucoup de choses, le modèle standard est pourtant loin d'être parfait. Certains physiciens théoriciens travaillent maintenant depuis quelques années sur une nouvelle physique allant au-delà du modèle standard, ce qui pourrait le modifier de façon à qu'il s'accorde avec les données existantes.
Il y a dans la nature des phénomènes physiques que le modèle standard ne peut pas expliquer :

1/ La gravité : Le modèle standard ne l'explique pas. Un simple ajout d'un graviton ne récrée pas ce qui est observé expérimentalement sans nécessiter aussitôt d'autres modifications encore non découvertes dans le modèle. A l'échelle quantique, la gravité ne présente aucune symétrie.

2/ La matière noire et l'énergie sombre : les observations cosmologiques indiquent que le modèle standard n'explique qu'à peu près 4 % de l'énergie présente dans l'univers. 27 %, sur les 96 % manquants, serait de la matière noire n'interagissant avec les champs du modèle standard qu'au moyen de l'interaction faible. Le reste des 96 % serait de l'énergie sombre, une densité d'énergie constante pour le vide. Les tentatives d'explication de l'énergie sombre en termes d'énergie du vide du modèle standard conduisent à une différence de 120 ordres de grandeurs.

3/ La masse des neutrinos : selon le modèle standard, les neutrinos sont des particules sans masse. La physique quantique avec des expériences sur leur oscillation a démontré, quant à elle, qu'ils en ont bien une.
Cependant, bien qu'elles soient les deuxièmes plus abondantes dans l'univers après les photons, ces particules sont insaisissables. Elles n'interagissent jamais avec la matière, qu'elles traversent à une vitesse proche de celle de la lumière. Elles ne sont qu'énergie et se mesure en électronvolt.

4/ L'asymétrie matière-antimatière : Le modèle standard prédit que la matière et l'antimatière ont été créées en quantités presque égales car les conditions initiales de l'univers ne supposaient pas de disproportion entre l'une et l'autre. Pourtant aucun mécanisme n'apparaît suffisant dans le modèle standard pour expliquer cette asymétrie.
Il faut savoir également que notre monde possède un certain nombre de caractéristiques physiques assez déroutantes, comme par exemple :

- La superposition quantique
- L'enchevêtrement quantique
- La dualité onde-particule
- La longueur de Planck
- La relativité du temps

Il y a aussi des caractéristiques philosophiques déconcertantes :

- Le problème de l'identité personnelle
- Le problème du passage du temps
- Le problème du libre arbitre

La physique quantique a apporté une révolution conceptuelle en philosophie et en littérature mais elle a surtout permis de développer de nombreuses applications technologiques comme l'énergie nucléaire, l'imagerie médicale, le transistor, le circuit intégré, le microscope électronique, le laser... Un siècle après sa conception, elle est largement utilisée dans la recherche en chimie théorique (chimie quantique), en physique (mécanique quantique, théorie quantique des champs, physique de la matière condensée, physique nucléaire, physique des particules, physique statistique quantique, astrophysique, gravité quantique), en mathématiques (formalisation de la théorie des champs) et, récemment, en informatique (ordinateur quantique, cryptographie quantique).
Plus que tout, la physique quantique permet aujourd'hui d'analyser la réalité du monde qui nous entoure. Mais qu'est-ce que la réalité ? A part de l'énergie et de l'information ?

2/ Le big bang ; une impulsion

2.1/ L'univers a débuté par une impulsion

Pendant plus de cent ans, les scientifiques ont postulé que l'univers avait commencé avec un Big Bang, que tout l'univers était compressé en un point infiniment petit et qu'en une fraction de seconde, il a commencé à se développer vers l'extérieur. Mais si l'univers avait pas commencé par une impulsion plutôt que par une explosion ? Cette idée a été soutenue par le Dr Abhay Ashtekar, de l'Université Penn State. Il y a beaucoup d'incohérences entre le fond cosmique des micro-ondes et notre modèle actuel de cosmologie :

1. À très grande échelle, l'univers n'agit pas comme on le pensait.

2.La matière agit comme une lentille géante, pliant et modifiant l'amplitude de la lumière derrière elle, ce qui n'est pas cohérent avec notre modèle actuel de l'univers.

3.Les deux hémisphères du ciel CMB (matière noire froide) ont des températures moyennes différentes alors que les scientifiques pensent que l'univers aurait dû commencer par une température uniforme en moyenne.

4.La valeur de la constante d'Hubble, qui décrit la vitesse d'expansion de l'univers, est différente si nous la mesurons à partir du CMB ou d'étoiles céphéides plus proches.

Toutes ces anomalies signifient que nous manquons quelque chose de fondamental dans notre compréhension de l'univers.

La clé pourrait résider dans la cosmologie quantique en boucle (LQC).

LQC provient de la gravitation quantique en boucle qui est constituée de particules appelées quanta. Ces quanta forment le tissu de l'espace et du temps.

Dans ce modèle de l'univers, il y a la plus petite taille de l'espace lui-même - l'échelle de Planck - soit 10^{-35} mètres. C'est à dire : 0,00000000000000000000000000000001 mètre ! Rien ne peut être plus petit que ça. Ça signifie que le Big Bang ne pouvait pas exister dans un univers avec LQC. L'univers ne pourrait jamais descendre à un point infiniment petit et infiniment dense. Proche du Big Bang, quand l'univers était très petit, des choses vraiment bizarres se sont produites mathématiquement. Les infinis commençaient à surgir et menaçaient de déchirer le tissu de l'espace-temps lui-même. C'est à ces endroits que la gravitation quantique en boucle peut intervenir pour apporter des corrections à la physique classique.

Les équations corrigées quantiques prédisent qu'il existe une force répulsive efficace. Cela signifie que dans ces régions où l'univers est très petit, la répulsion entraînerait un rebond. Si notre Univers est né d'un rebond, il y avait alors un autre univers avant le nôtre.

2.2/ Réglage fin de l'univers

Paramètre	Max. Déviation
Rapport d'électrons: Protons	1:10 37
Rapport force électromagnétique : gravité	1:10 40
Taux d'expansion de l'univers	1:10 55
Masse volumique de l'univers	1:10 59
Constante cosmologique	1:10 120

Ces nombres représentent l'écart maximal par rapport aux valeurs acceptées, qui ne conviendrait à aucune forme de vie.

Des études récentes ont confirmé le réglage fin de la constante cosmologique, également appelée énergie noire. Cette constante cosmologique est une force qui augmente avec la taille croissante de l'univers. Les mesures récentes du fond cosmologique des micro-ondes (CMB) ne démontrent pas seulement l'existence de la constante cosmologique, mais aussi sa valeur. Il s'avère que cette dernière compense exactement le manque de matière dans l'univers.

Les ondulations dans l'univers de l'événement original du Big Bang sont détectables dans une partie sur 100000. Si ce facteur était légèrement plus petit, l'univers n'existerait qu'en tant que collection de gaz. Si ce facteur était légèrement plus grand, l'univers serait constitué uniquement de grands trous noirs.

Une autre constante finement réglée est la force nucléaire forte (la force qui maintient les atomes ensemble). Le Soleil faisant fusionner de l'hydrogène et des éléments supérieurs ensemble. Lorsque les deux atomes d'hydrogène fusionnent, 0,7% de la masse de l'hydrogène est converti en énergie. Si la quantité de matière convertie était légèrement inférieure, 0,6% au lieu de 0,7%, un proton ne pourrait pas se lier à un neutron, et l'univers ne serait constitué que d'hydrogène. Si la quantité de matière convertie était légèrement plus élevée, 0,8%, la fusion se produirait si facilement et rapidement qu'aucun hydrogène n'aurait survécu au Big Bang.

Paramètres précis du réglage fin pour l'univers :

1. Forte constante de force nucléaire
2. Constante de force nucléaire faible
3. Force gravitationnelle constante
4. Constante de force électromagnétique

5. Rapport de la constante de force électromagnétique à la constante de force gravitationnelle
6. Rapport de l'électron à la masse du proton
7. Rapport du nombre de protons au nombre d'électrons
8. Niveau d'entropie de l'univers
9. Densité de masse de l'univers
10. Vitesse de la lumière
11. Age de l'univers
12. Uniformité initiale du rayonnement
13. Distance moyenne entre les galaxies
14. Densité de l'amas de galaxies
15. Distance moyenne entre les étoiles
16. Constante de structure fine (décrivant la division de structure fine des raies spectrales)
17. Taux de désintégration des protons
18. Rapport de niveau d'énergie nucléaire de 12 C à 16 O
19. Niveau d'énergie de l'état fondamental pour 4 He
20. Taux de désintégration de 8 Be
21. Rapport de la masse des neutrons à la masse du proton
22. Excès initial de nucléons par rapport aux anti-nucléons
23. Polarité de la molécule d'eau
24. Éruptions de supernovæ
25. Binaires nains blancs
26. Rapport de la masse de matière exotique à la masse de matière ordinaire
27. Nombre de dimensions effectives dans l'univers primitif

28. Nombre de dimensions effectives dans l'univers actuel
29. Masse du neutrino
30. Le big bang ondule
31. Taille du facteur de dilatation relativiste
32. Ampleur de l'incertitude dans le principe d'incertitude de Heisenberg
33. Constante cosmologique

3/ L'abiogenèse est impossible

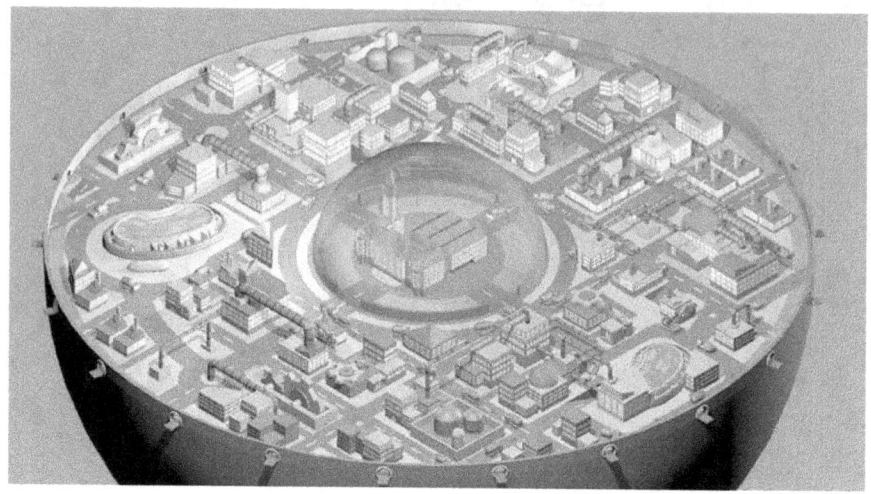

L'origine de la vie dépend des cellules biologiques qui perpétuent la vie grâce à l'action complexe de :

- La membrane cellulaire ou membrane plasmique est composée de phospholipides et de protéines. Elle est perméable et élastique et enveloppe la cellule, la délimite et contrôle les échanges cellulaires.
- Les organites
    - Les mitochondries fournissent l'énergie à la cellule et assurent la respiration cellulaire.
    - Les ribosomes synthétisent les protéines.
    - Le réticulum endoplasmique granuleux ou rugueux reçoit les protéines fabriquées par les ribosomes et les envoie vers l'appareil de Golgi.
    - L'appareil de Golgi stocke et distribue les protéines.

•Les lysosomes détruisent les éléments indésirables à la cellule par digestion enzymatiques.
- Chromosomes et réseau de régulation des gènes
  - ADN
  - ARN polymérase

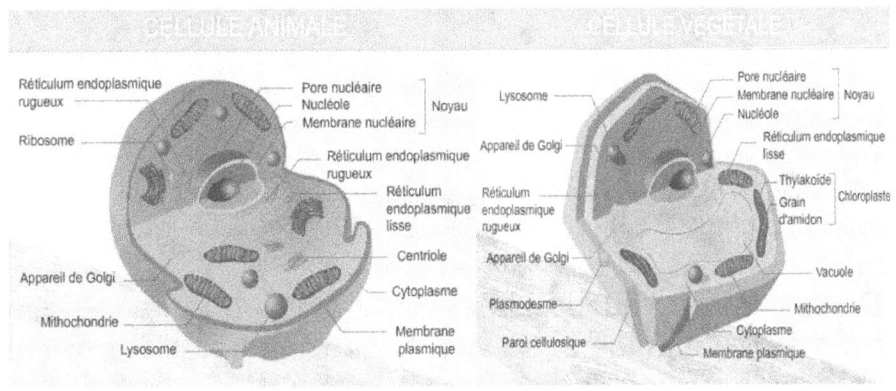

Les cellules humaines et végétales ont en commun :

- Le nucléole
- Le noyau
- Le ribosome
- Le reticulum endoplasmique lisse
- La mitochondrie
- Le peroxysome
- La membrane plasmique
- L'appareil de golgi

Francesco Redi

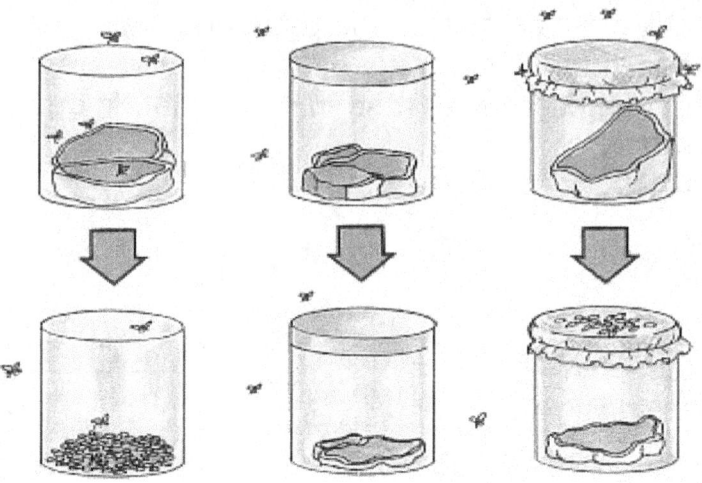

On sait aujourd'hui que la vie ne provient que de la vie, c'est-à-dire que les êtres vivants proviennent d'êtres préexistants. Absolument tout a été crée.
La croyance dans la génération spontanée fit longtemps partie du sens commun pour expliquer l'apparition d'êtres vivants là où l'on n'en voyait pas. On pensait que des petites souris pouvaient naître spontanément d'asticots ou sortir d'un morceau de viande. Quant aux micro-organismes, il semblait que les bactéries et les levures étaient le produit évident d'une génération spontanée. Pour vérifier cette assertion, Francesco Redi réalisa une expérience. Francesco Redi, scientifique italien né en 1626, inspiré par le travail de William Harvey, a publié "*Expériences sur la génération des insectes*" en 1668. Ce travail a fourni des preuves contre la théorie de la génération spontanée qui dit que les êtres vivants peuvent se former à partir d'objets non vivants. Dans l'expérience, Redi a préparé trois groupes de pots, chacun avec des morceaux de viande à

l'intérieur. Un groupe de pots a été recouvert de gaze, un groupe a été laissé ouvert et un groupe a été complètement scellé.

Dans le groupe de pots laissés ouverts, Redi a trouvé des larves sur la viande. Redi a remarqué que dans les pots qui étaient complètement scellés, il n'y avait pas d'asticot. Dans le groupe de jarres qui étaient couverts de gaze, il remarqua qu'il n'y avait pas d'asticot sur la viande, mais des larves apparaissaient sur la gaze.

Cette expérience a fourni des preuves qui ont réfuté la théorie de la génération spontanée. Il a montré que les esprits provenaient d'œufs posés par des mouches. Cette expérience fut importante car c'était l'une des premières contrôlées dans l'histoire.

Pasteur

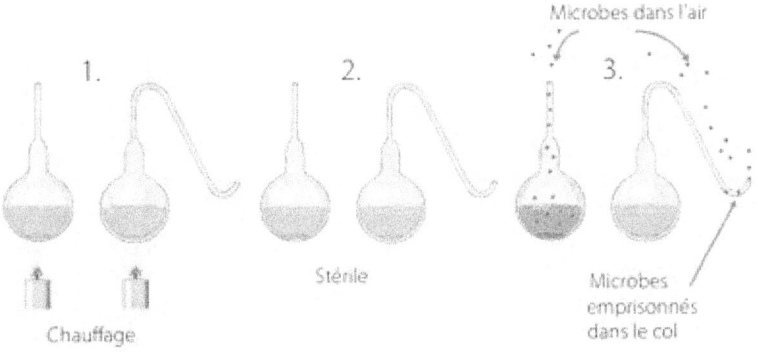

En 1864, le biologiste chimiste Louis Pasteur entreprit de mettre fin aux postulats de la génération spontanée. Pour atteindre cet objectif, Pasteur a produit des récipients en verre appelés flacons à col de cygne, puis fit bouillir une série de bouillons qui restèrent stériles. Lorsque le cou de l'un d'entre eux se cassa, il se contamina et les micro-organismes proliférèrent rapidement. Les preuves fournies par Pasteur furent irréfutables, réussissant à détruire une théorie ayant persisté plus de 2 500 ans.

4/ L'atome est vide à 99%

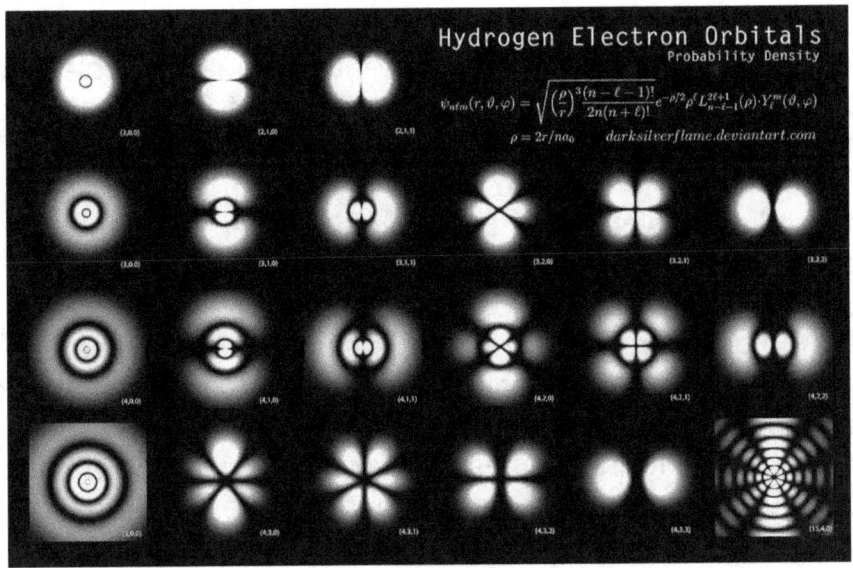

Comportement typique de la densité électronique dans un atome pour différentes orbitales électroniques.

Contrairement à ce qu'on a pu penser pendant des siècles, notre monde n'est pas fait de choses solides. Puisque notre monde est composé d'atomes sans masse physiques mais uniquement d'énergie, cela signifie donc que le sol sur lequel nous marchons est vide à 99%.
Les physiciens décrivent maintenant la matière à son niveau le plus élémentaire comme des nuages de probabilités ou de la mousse quantique. Le principe d'incertitude de Heisenberg dit qu'on ne peut jamais connaître l'emplacement précis des particules tout en sachant où elles vont. Leur existence même est un mélange entre une vague de potentiel et une entité physique. C'est un monde très étrange quand on y

regarde de plus près. Les quanta en physique quantique consistent en des quantités discrètes d'énergies ou d'états dans lesquels une particule peut exister. Les équations de Newton supposaient une quantité continue d'espace; il s'avère que l'univers est peut-être plus quantifié qu'on ne le pensait.

Alors si l'atome est vide à 99% pourquoi une table se sent-elle aussi solide ? Et bien c'est à cause de la danse des électrons !

Si vous touchez la table, les électrons des atomes de vos doigts se rapprochent des électrons des atomes de la table. Au fur et à mesure que les électrons d'un atome se rapprochent suffisamment du noyau de l'autre, les schémas de leurs danses changent. Un électron à faible niveau d'énergie autour d'un noyau ne peut pas faire la même chose autour de l'autre car cette fente est déjà occupée par l'un de ses propres électrons. Le nouveau venu doit assumer un rôle inoccupé et plus énergique. Cette énergie doit être fournie, non pas par la lumière cette fois, mais par la force de votre doigt qui sonde. Ainsi, pousser déjà deux atomes près l'un de l'autre prend de l'énergie, car tous leurs électrons doivent entrer dans des états de haute énergie inoccupés. Essayer de rassembler tous les atomes de la table et tous les atomes de doigt exige énormément d'énergie. Nous ressentons cela, comme une résistance à notre doigt, voilà pourquoi la table est solide au toucher. À l'intérieur de notre corps, il y a principalement une série de nuages d'électrons, tous liés par les règles quantiques qui régissent l'univers entier.

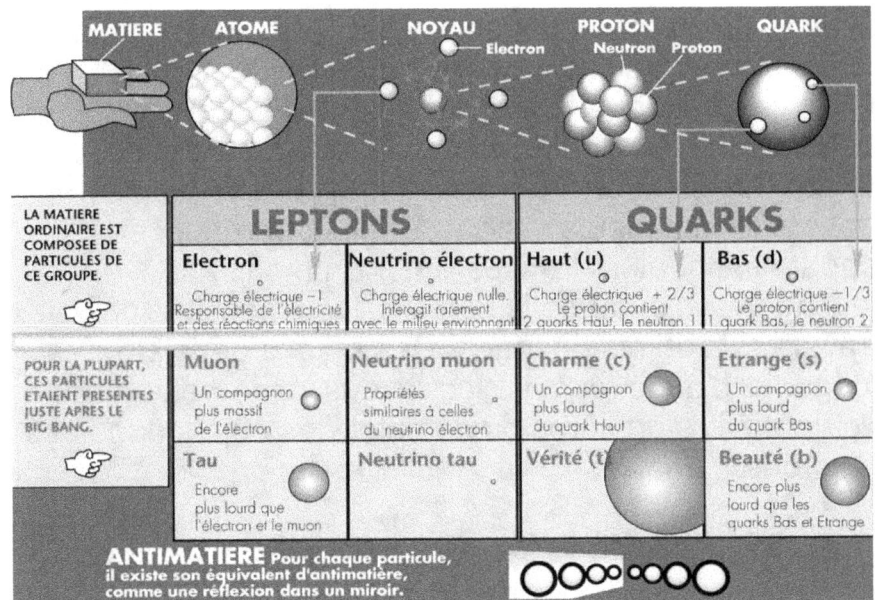

La taille du noyau d'un atome est de l'ordre de 10^{-15} m, tandis que l'atome mesure environ 10^{-10} m de diamètre. Si le noyau mesurait 1 cm de diamètre, l'électron graviterait ainsi dans un volume d'environ 1 km de diamètre !

La lumière constituée d'ondes électromagnétiques se propage dans le vide ; elle devrait donc logiquement traverser sans encombre la matière qui devrait alors nous sembler transparente, mais si on voit bien les objets, c'est que le noyau émet de puissants champs électromagnétiques qui retiennent les électrons dans l'atome et assurent la cohésion de la matière.

Lorsque la lumière arrive sur un atome, elle met en vibration les électrons qui perturbent le champ électrique et modifie ainsi le rayonnement reçu. C'est cette modification qui fait que l'on voit la matière qui n'est que constituée d'atomes. Ce dernier n'absorbe la

lumière qu'à certaines fréquences, dites de résonance, qui dépendent du niveau de son énergie.
C'est ce qui donne la couleur aux objets. Lorsque l'énergie des photons n'est pas assez grande pour exciter les électrons, les ondes lumineuses passent à travers le matériau sans causer d'interférence, et apparaissent alors transparents. En modifiant
la longueur d'onde de la lumière, il est possible de voir à travers des objets opaques. Des rayons de faible longueur d'onde, comme les rayons X permettent de voir à travers un corps ou détecter des objets dans des bagages.

5/ Rien ne va plus vite que la vitesse de la lumière

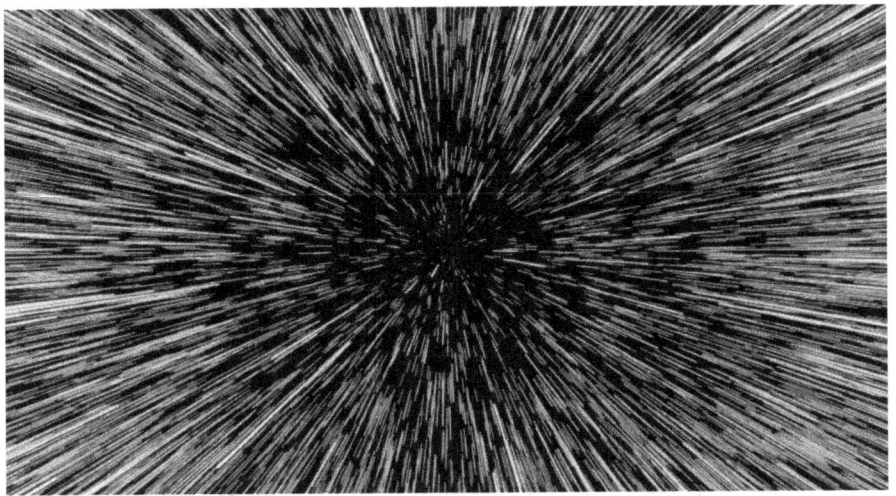

Si le monde physique est une réalité virtuelle, il est le produit du traitement de l'information. Celle-ci est définie comme un choix parmi un ensemble fini, de sorte que le traitement qui la change doit également être fini, et en effet, notre monde se rafraîchit à une vitesse finie. Un processeur de supercalculateur rafraîchit 10 quadrillions de fois par seconde, et notre univers rafraîchit mille milliards, mille milliards de fois plus vite que cela, mais le principe est le même. Comme une image d'écran a des pixels et un taux de rafraîchissement, notre monde a la longueur de Planck et le temps de Planck.

Longueur de Planck	$l_p = \sqrt{\dfrac{G\hbar}{c^3}}$	1,62	10^{-35}	m
Masse de Planck	$m_p = \sqrt{\dfrac{c\hbar}{G}}$	2,18	10^{-8}	kg
Temps de Planck	$t_p = \sqrt{\dfrac{G\hbar}{c^5}}$	5,39	10^{-44}	s
Énergie de Planck	$E_p = m_p \cdot c^2$	1,96	10^9	J
Température de Planck	$T_p = \dfrac{E_p}{k}$	1,41	10^{32}	K
Charge électrique de Planck	$q_p = \sqrt{c\hbar\, 4\pi\epsilon_0}$	1,875	10^{-18}	C

Dans ce scénario, la vitesse de la lumière est la vitesse la plus rapide car le réseau ne peut rien transmettre plus vite qu'un pixel par cycle, c'est-à-dire, la longueur de Planck divisée par le temps de Planck, soit environ 300 000 kilomètres par seconde. La relativité est un concept parfaitement intuitif. En théorie, il stipule que tout repère inertiel est équivalent à un autre. Un repère inertiel désigne tout simplement un point que vous choisissez comme un repère. Pour être inertiel, ce repère doit être à vitesse constante et non pas en accélération ou décélération. Imaginons par exemple que vous courriez à 20 km/h dans un TGV roulant à 300 km/h. Un observateur sur le quai d'une gare traversée vous verrait passer à 320 km/h, son repère inertiel est le quai de la gare. Pourtant, pour les passagers du train, dont le repère inertiel est le train lui-même, vous faites bien du 20 km/h. Si le train roule le long de l'autoroute et croise une voiture roulant à 120 km/h, le conducteur de la voiture vous verrait passer à 440 km/h, son repère inertiel étant sa voiture !

Cette relativité des vitesses est appelée relativité galiléenne. Nous en faisons l'expérience tous les jours. Si une hôtesse de l'air vous sert un café dans un avion volant à 800 km/h, le café tombe droit dans votre tasse et n'est pas plaqué sur votre chemise. La raison est que vous, la tasse, l'hôtesse et le café avez tous la même vitesse. De manière relative, vous êtes à 0 km/h l'un par rapport à l'autre, vous êtes tous dans le même repère inertiel alors que vous allez à 800 km/h par rapport au sol qui est un autre repère inertiel.

L'électromagnétisme

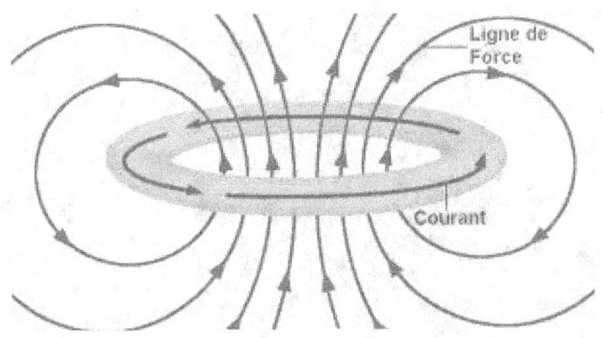

Au 19e siècle, Maxwell, travaille sur les ondes électromagnétiques, des ondes qui permettent de transmettre des informations à distance. Grâce à un travail mathématique complexe, il démontre que la vitesse des ondes électromagnétiques dans un milieu dépend uniquement de deux coefficients : la permittivité électrique et la perméabilité magnétique. Pour le vide, ces deux valeurs sont connues. Le résultat de son équation est que la vitesse d'une onde électromagnétique est extrêmement proche de la valeur connue de la vitesse de la lumière. Cela prouve sans l'ombre d'un doute ce que certains soupçonnaient : la lumière n'est qu'une manifestation des ondes électromagnétiques. Selon Maxwell, la vitesse de la lumière ne dépend que du milieu, pas de la vitesse relative de ce milieu. La vitesse de la lumière ne dépend pas du repère inertiel. Quelle que soit votre vitesse par rapport à la source de lumière, vous voyez la lumière à la même vitesse.

L'éther

L'éther serait un matériau très ténu qui composerait l'univers entier.
Michelson et Morley tentent une expérience visant à prouver l'existence de l'éther. Pour simplifier, disons qu'ils vont envoyer deux rayons lumineux parcourir la même distance mais perpendiculairement l'un à l'autre. En effet, si éther il y a, le mouvement de la terre dans

cet éther doit provoquer l'équivalent d'un souffle. Imaginez-vous sur le toit du TGV ; vous lancez deux billes perpendiculairement sur le toit, le vent provoqué par la vitesse va modifier leur trajectoire et vous pourriez déterminer la vitesse du TGV ou au moins sa direction. À la surprise générale, le résultat de cette expérience est sans appel: il n'y a et ne peut y avoir d'éther. Il faut parfois un éclair de génie pour débloquer une situation, et c'est Einstein qui l'a. Il décide de postuler *"on disait que la vitesse de la lumière est la même dans tous les référentiels inertiels"* et dépose donc ce postulat à la place du principe de simultanéité. La liaison entre tous les repères inertiels sera désormais une même et unique vitesse de la lumière. Le génie d'Einstein a donc été de découvrir que l'écoulement du temps dépendait en fait de la vitesse à laquelle nous nous déplaçons. Quelle serait cette constante naturelle fondamentale qui définit l'écoulement du temps ? La réponse est claire : il n'y en a pas. La seule constante fondamentale est la vitesse de la lumière. L'humain reste toujours très proche d'un seul repère inertiel : la Terre. Einstein conclut sur l'éther par le résumé suivant :

"Selon la théorie de la relativité générale, l'espace est pourvu de propriétés physiques, par conséquent, il existe un éther. Un espace sans éther est impensable, car dans un tel espace non seulement il n'y aurait pas de propagation de la lumière, mais aussi aucune possibilité d'existence pour un espace et un temps standard, ni pour les intervalles d'espace-temps dans le sens physique du terme. Cependant, cet éther ne peut pas être conçu comme pourvu des qualités des médias pondérables et comme constitué de parties ayant une

trajectoire dans le temps. L'idée de mouvement ne peut pas lui être appliqué."

6/ La zone de la Boucle d'Or

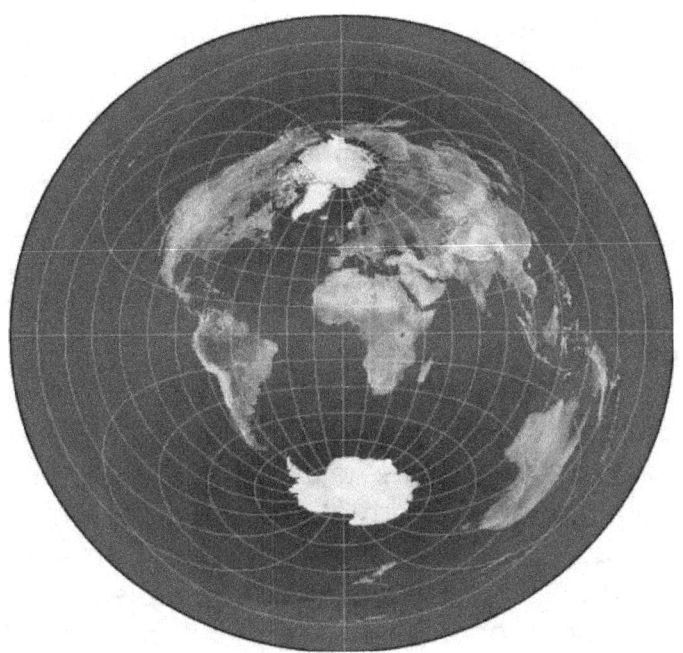

6.1/ La vraie forme de la Terre

Dans la science établie, la Zone Boucle d'Or fait référence à une zone habitable autour d'une étoile où la température est ni trop chaude ni trop froide pour que l'eau liquide se trouve sur une planète.
L'eau liquide est primordiale à la vie telle que nous la connaissons.
Mais nous n'avons jamais trouvé de vie sur d'autres planètes, même dans notre propre système solaire. Une liste abrégée d'exigences pour un univers adapté à la vie de tout type doit inclure les éléments suivants :

- Stabilité chimique et diversité élémentaires suffisantes pour construire les molécules complexes nécessaires aux fonctions vitales essentielles: traitement de l'énergie, stockage d'informations et réplication. Un univers composé uniquement d'hydrogène et d'hélium ne fonctionnera pas.

- Prévisibilité des réactions chimiques, permettant aux composés de se former à partir des différents éléments.

- Un connecteur universel, élément essentiel pour les molécules de la vie. Il doit avoir la propriété chimique qui lui permet de réagir facilement avec presque tous les autres éléments, formant des liaisons stables, mais pas trop stables, de sorte que le démontage est également possible. Le carbone est le seul élément du tableau périodique qui satisfait à cette exigence.

- Un solvant universel dans lequel la chimie de la vie peut se déployer. Étant donné que les réactions chimiques sont trop lentes à l'état solide et que la vie complexe ne serait probablement pas entretenue sous forme de gaz, il existe un besoin d'un élément liquide ou d'un composé qui dissout facilement à la fois les réactifs et les produits de réaction essentiels aux systèmes vivants : à savoir, un liquide aux propriétés de l'eau.

- Une source d'énergie stable pour soutenir les systèmes vivants dans lesquels il doit y avoir des photons du soleil avec une énergie suffisante pour entraîner des réactions organiques et chimiques, mais pas assez énergiques pour détruire les molécules organiques (comme dans le cas du rayonnement ultraviolet hautement énergétique).

- Un moyen de transporter l'énergie de la source (comme notre soleil) à l'endroit où se produisent les réactions chimiques dans le solvant (comme l'eau sur Terre) doit être disponible. Dans le processus, il doit y avoir des pertes minimales dans la transmission si l'énergie doit être utilisée efficacement.

Le télescope spatial Kepler de chasse aux planètes de la NASA recherche des planètes en orbite dans les zones habitables d'étoiles semblables au Soleil en recherchant des planètes avec une orbite moyenne de 365 jours.
Ce n'est pas parce qu'une planète ou une lune se trouve dans la zone Boucle d'or d'une étoile qu'elle va avoir de la vie ou même de l'eau liquide.
La Terre n'est pas la seule planète dans la zone Boucle d'or - Vénus et Mars sont également dedans, mais ne sont pas habitables. Et pour cause ce ne sont que des roches dont ne nous dis pas réellement la nature, ni la matière.
En effet, au même titre que l'homme n'a jamais pu marcher sur la Lune, on ne pourra jamais mettre un pied sur Mars. La Terre est bien ronde, elle est sphérique mais nous ne sommes pas à sa surface. Nous vivons

dans la Terre. Ce n'est pas la théorie de la Terre creuse mais celle de la Terre concave.

La Terre creuse ; un faux modèle

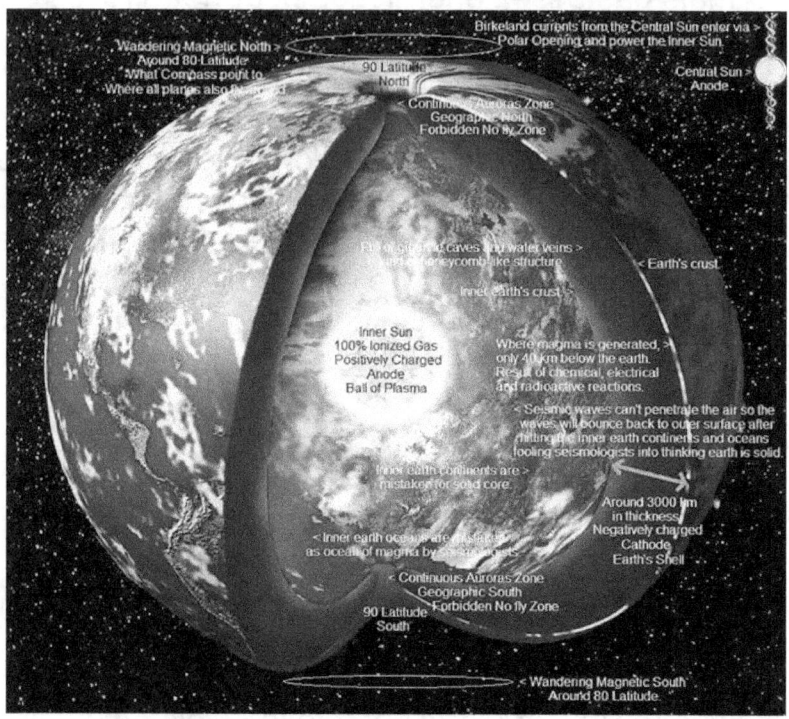

Edmund Halley émit en 1692 l'idée que la Terre était constituée d'une coquille creuse d'environ 800 km d'épaisseur, de deux coquilles concentriques intérieures, et d'un noyau central, ayant respectivement les diamètres approximatifs des planètes Vénus, Mars et Mercure. Ces coquilles seraient séparées par une couche atmosphérique, chacune d'elles aurait ses propres pôles magnétiques, et tourneraient à des vitesses différentes. Halley a proposé ce modèle pour expliquer des anomalies dans l'affichage des boussoles. Il émit l'hypothèse de l'existence d'une atmosphère lumineuse à l'intérieur de la Terre, celle-ci produisant les aurores boréales en s'échappant à l'extérieur. Il émit également l'hypothèse que les mondes intérieurs pourraient être habités. Certains ont prétendu que Leonhard Euler avait également émis l'idée d'une Terre creuse, éliminant les coquilles multiples pour postuler l'existence d'un soleil intérieur qui fournirait de la lumière à une civilisation avancée. Cette conception pourrait provenir de la mauvaise interprétation d'un écrit dans lequel Euler relatait une simple expérience de pensée. Sir John Leslie développa plus tard cette idée, suggérant deux soleils centraux, qu'il nomma Pluton et Proserpine. Plus tard, en 1818, John Cleves Symmes, Jr. suggéra que la Terre était constituée d'une coquille d'environ 1 300 km d'épaisseur, avec des ouvertures d'environ 2 300 km au niveau des deux pôles, et de quatre coquilles intérieures, chacune d'elles étant également ouverte aux pôles. Symmes devint le plus célèbre parmi les premiers partisans de la terre creuse. Il prépara même une expédition au pôle nord, mais le nouveau président des États-Unis, Andrew Jackson, mit fin à la tentative car il était convaincu que la terre était plate ! Symmes mourut en 1829 sans avoir pu mener à bien son projet. Un de ses disciples, Jeremiah N. Reynolds, qui organisait des conférences sur la Terre creuse, suggéra également une expédition au pôle. Il semble qu'il ait tenté d'en organiser une par lui-même, mais l'issue en demeure obscure. Certaines personnes affirment qu'il n'avait que des intérêts pécuniaires, que l'expédition qu'il proposait n'était en fait qu'une tentative de fraude, et qu'il disparut ensuite. Pour

d'autres, il essaya réellement de mener à bien son expédition mais échoua, puis tenta en vain de rejoindre l'expédition de Charles Wilkes en 1838-1842, la suite de sa vie nous étant inconnue. Symmes lui-même n'écrivit aucun livre sur ses idées, mais d'autres le firent.
McBride écrivit La théorie des sphères concentriques de Symmes en 1826. Il semble que Reynolds ait rédigé un article qui parut sous forme de brochure séparée en 1827 : Commentaires sur la théorie de Symmes parue dans l'American Quarterly Review.

En 1868, un professeur du nom de W. F. Lyons présenta dans Le Globe creux une théorie proche de celle de Symmes, mais ne mentionna pas ce dernier. Plus récemment, un partisan de la Terre creuse du début du 20e siècle, William Reed, écrivit *Le fantôme des pôles* en 1906. Il proposa l'idée d'une Terre creuse, mais sans coquilles ni Soleils intérieurs. Vint ensuite Marshall Gardner qui écrivit *Un voyage vers l'intérieur de la Terre* en 1913, puis une édition enrichie en 1920. Il plaça un soleil intérieur dans sa Terre creuse. Il en bâtit ensuite un modèle fonctionnel qu'il breveta (#1096102). Gardner ne fit pas mention de Reed, mais prit Symmes comme source de ses idées. En 2001, Kevin et Matthew Taylor, père et fils, publièrent le livre *La Terre sans horizon*, dans lequel ils proposent une théorie pour le moins originale dans laquelle la Terre est creuse, et dans une phase d'expansion qui doit conduire à un état final d'équilibre. Dans leur théorie, la présence d'un soleil central de petite taille, alimenté par des radiations provenant de la surface intérieure de la coquille terrestre, explique notamment le magnétisme terrestre. Selon la théorie mathématique

du potentiel gravitationnel d'Isaac Newton, la force gravitationnelle est nulle à l'intérieur d'une coquille sphérique, quelle que soit l'épaisseur de celle-ci, si l'on néglige l'effet des autres masses à l'intérieur et à l'extérieur de la coquille (théorème dit de la coquille creuse). Ainsi, selon ce théorème, les êtres qui vivraient à l'intérieur d'une terre creuse supposée ne subiraient aucune attraction vers l'extérieur, et ne pourraient donc pas se maintenir sur le sol. Ils se trouveraient en état d'apesanteur presque complète, ne ressentant que la légère force de gravité résiduelle provenant de la forme imparfaitement sphérique de la Terre, et des forces de marée produites par les corps célestes extérieurs, comme la Lune. La force centrifuge due à la rotation de la Terre les attirerait en théorie vers l'extérieur, mais elle n'excéderait pas, même à l'équateur, 0,3 % de la force de gravité qui s'exerce à la surface « extérieure » de la Terre.
Mais c'était sans compter que dans la réalité de la Terre concave.

Le vrai modèle ; la Terre concave

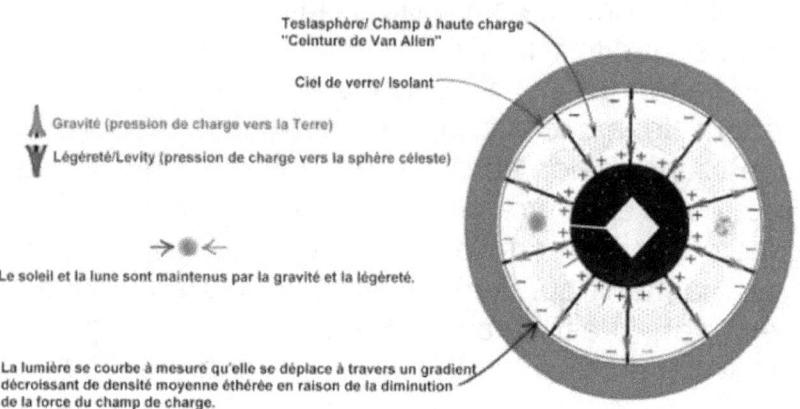

Au lieu de considérer que nous vivons sur la surface extérieure d'une planète creuse, certains théoriciens sont partisans d'une théorie de la Terre concave. Selon l'une de ces théories, nous vivons à l'intérieur d'un monde creux dans lequel c'est la force centrifuge et non la gravité qui nous maintient au sol, et l'univers que nous voyons n'est qu'une illusion qui pourrait être produite par des déviations de la lumière. Cyrus Teed, médecin et alchimiste, eut en 1869 l'intuition mystique d'un tel modèle de Terre concave, qu'il appela *Cosmogonie cellulaire*. À partir de cette vision du monde, il fonda le mouvement Koreshan Unity car Koresh est la version hébraïque de son prénom Cyrus, et créa en 1894 une communauté utopiste à Estero en Floride, aujourd'hui parc historique.

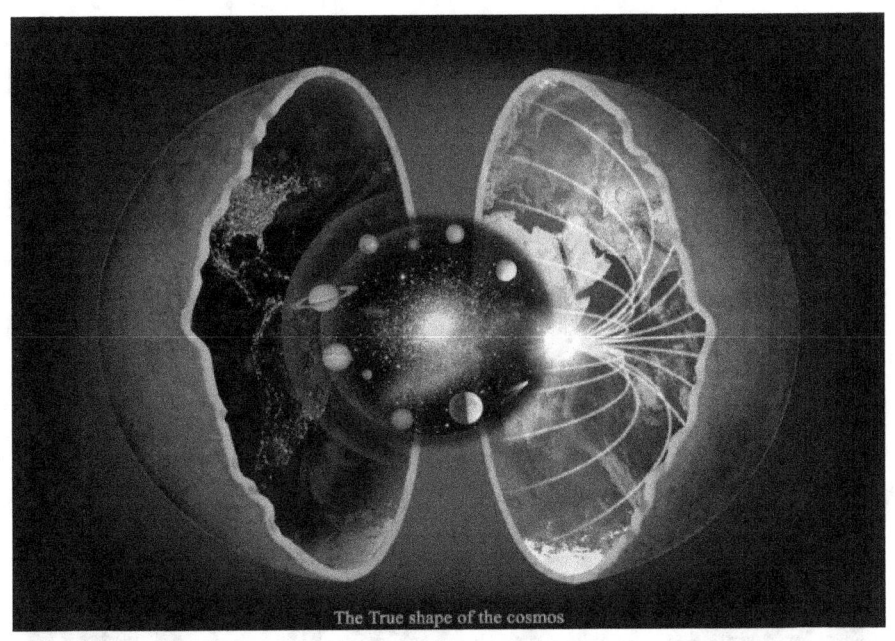

La sphère céleste est au cœur de la Terre

Pour confirmer son illumination, Teed et ses disciples effectuèrent des mesures sur la côte de Floride, près de la ville de Naples, à l'aide d'un équipement technique approprié dit le rectilineator ; les résultats obtenus apportaient la preuve expérimentale de la concavité de la courbure de la Terre. Ils n'ont malheureusement pas été pris au sérieux et fut critiqué par Donald E. Simanek.

Puis plusieurs écrivains allemands du 20e siècle, dont Peter Bender, Johannes Lang, Karl Neupert et Fritz Braun, publièrent des travaux défendant la théorie de la Terre concave (Hohlweltlehre). Plusieurs membres de l'entourage d'Adolf Hitler, influencés par cette idéologie, auraient ordonné une opération destinée à espionner la Flotte britannique à partir de l'île de Rügen en mer

Baltique ; il s'agissait d'obtenir des images des forces ennemies en dirigeant des télescopes vers le ciel, ce qui s'est conclu par un échec. Aujourd'hui, nous (les concavistes), savons qu'il est impossible de voir au delà de l'horizon en raison des couches successives d'air qui bloquent la vision au delà de la courbure.

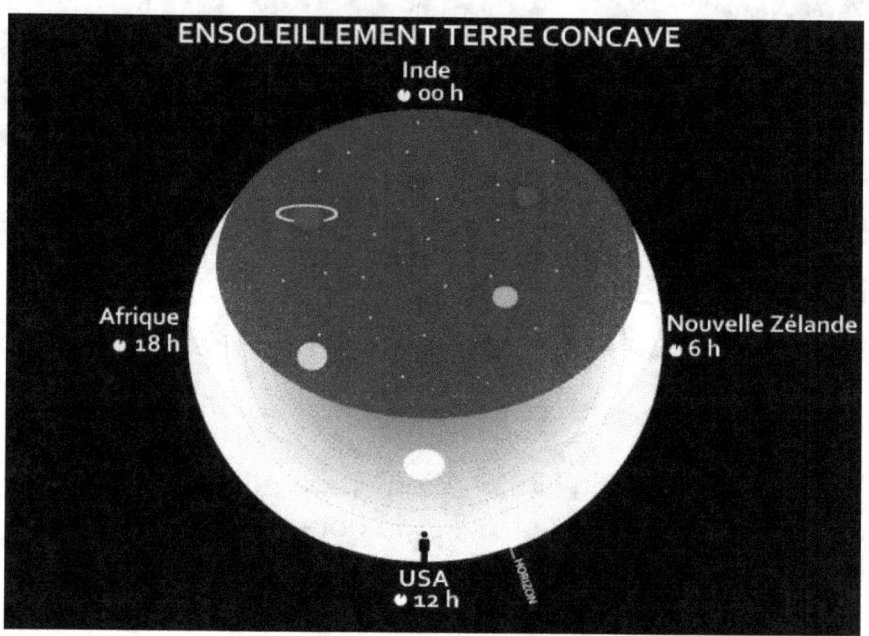

Ensoleillement dans la Terre

En 1981, Mostafa Abdelkader, mathématicien égyptien d'Alexandrie, a repris et développé la version Geocosmos de Karl E Neupert des Idées de Cyrus Teed, datant de 1900. Contrairement au modèle de Teed qui considère les corps célestes comme des illusions optiques, le modèle de Neupert inverse tout le cosmos connu. Dans le modèle concave, indiquant que l'espace rétrécit / implose via une géométrie non-euclidienne, de manière à placer un cosmos copernicien entier (C) dans l'enveloppe limite relativement finie de la surface concave de Geocosmos (G) . Dans son document qu'il a soumis à la revue scientifique australienne; *Speculations in Science and Technology*, Abdelkader dit :

"Les énormes galaxies et autres objets lointains sont cartographiés à l'intérieur comme des objets microscopiques, notre lune étant de loin le plus grand des objets célestes, qui tournent tous les jours autour de l'axe de la Terre. Les rayons droits de lumière sont représentés comme des arcs de cercles, de sorte que tous les phénomènes célestes apparaissent à l'intérieur des observateurs dans G comme aux observateurs extérieurs dans C. Nous considérons ensuite l'hypothèse selon laquelle, à l'inverse, notre univers actuel est ce G. fini. Cette idée implique l'inversion de toute la géophysique et astrophysique connues et établies."

Le principal ajout au concept de Neupert qu'Abdelkader a abordé, est que la lumière est finalement attirée vers le centre du cosmos qui se rétrécit vers l'intérieur. Les arcs de lumière qui voyagent vers la surface de la terre sont absorbés, et ceux qui ne le sont pas continuent de voyager vers le centre du cosmos et autour de lui vers le côté opposé des cieux. Cependant, ils n'éclairent jamais l'autre côté de la terre ou son ciel nocturne parce que les longueurs d'onde de la lumière s'écoulent selon le volume de l'espace au-delà de la surface de la Terre et subissent l'inertie du centre infinitésimal.

Ainsi, alors qu'ils convergent vers la position opposée des cieux à l'endroit où se trouve le soleil, ils sont simultanément attirés vers le centre.

Par conséquent, la lumière qui tourne autour du côté opposé des cieux, ne rencontre jamais la vue de ceux qui ont le centre du cosmos entre eux et le soleil. Un observateur en surface fera l'expérience de la nuit sans ciel lumineux, même si les rayons de lumière traversent réellement l'espace dans lequel ils se trouvent, car les rayons ne sont que dans l'espace et ne sont jamais reçus directement dans l'œil.

Le mathématicien a conçu une équation qui suggère que les phénomènes appartenant à la perception du ciel-dôme et de la ligne d'horizon sont sujets à l'illusion optique, soutenant son affirmation que la lumière se plie en arcs larges à travers l'espace plutôt que de voyager en ligne droite. En tant que tel, quand nous croyons que nous regardons un objet astrologique lumineux perpendiculaire à notre ligne de vue, ce que nous voyons se trouve réellement à l'autre extrémité d'un rayon de lumière plié.

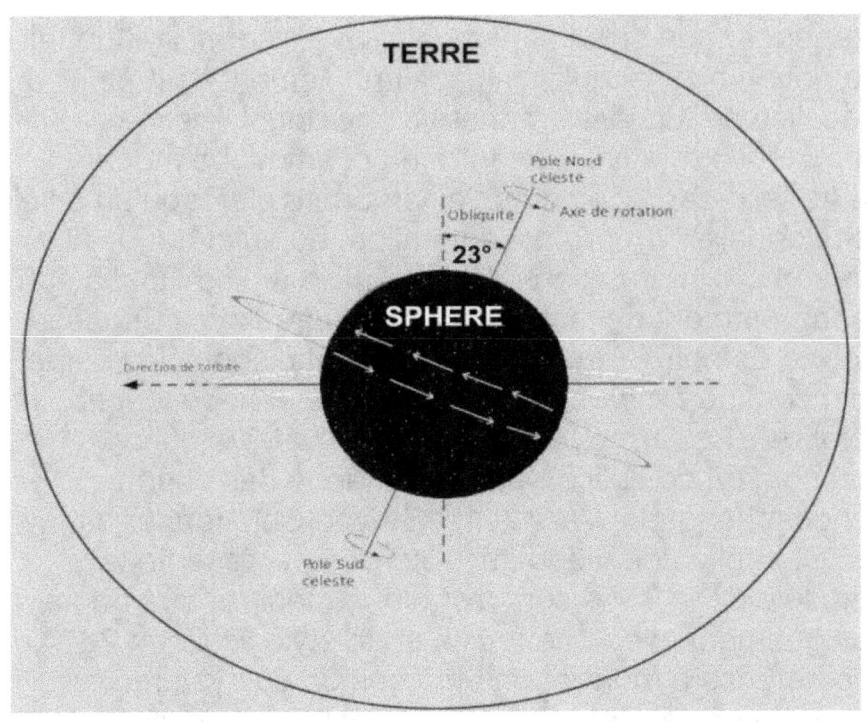

Ce n'est pas la Terre qui tourne mais la sphère céleste qui est inclinée à 23°

La ligne de visée ne pointe vraiment à rien, et leurs yeux reçoivent une image de quelque chose qui se trouve dans le ciel, ailleurs, dans la direction où ils regardent vraiment. Cette nature incisive de la lumière attribuerait donc l'illusion à la perception des phénomènes dans le ciel et dans l'espace.

Cependant, ce n'est pas seulement la lumière qui produit cette illusion, mais aussi le champ magnétique terrestre et la gravité qui font que la lumière se comporte extraordinairement. La double réfraction et la re-focalisation de la lumière était l'explication proposée pour l'illusion du ciel. Le modèle de Teed théorisait cependant un soleil stationnaire avec lequel il attribuait la notion bizarre qu'il s'agissait réellement d'un point focalisé de lumière émanant d'une double hélice lumineuse rotative au centre du cosmos. Le modèle d'Abdelkader reçoit un soleil en orbite plutôt qu'un soleil stationnaire. Un professeur italien, au sujet duquel il y a très peu d'informations, Paolo Emilio Amico-Roxas était apparemment devenu concaviste après avoir étudié la forme de notre Terre. Ses livres sont disponibles sur le net comme *Le problème de l'espace et la conception du monde* et *L'harmonie suprême de l'univers* qui présentent ce qu'il a appelé la théorie des champs endosphériques. Vers 2010, Steven Christopher dit LSC, publie une vidéo sur YouTube et présente le modèle de la Terre concave d'une manière très primaire uniquement avec une feuille et un stylo. Puis en 2014, il commence à montrer des images 3d du système et apporte un élément nouveau : L'octaèdre qui se trouverait au centre de la Terre générerait l'électromagnétisme terrestre, ce qui s'avère être confirmé par CMOR.

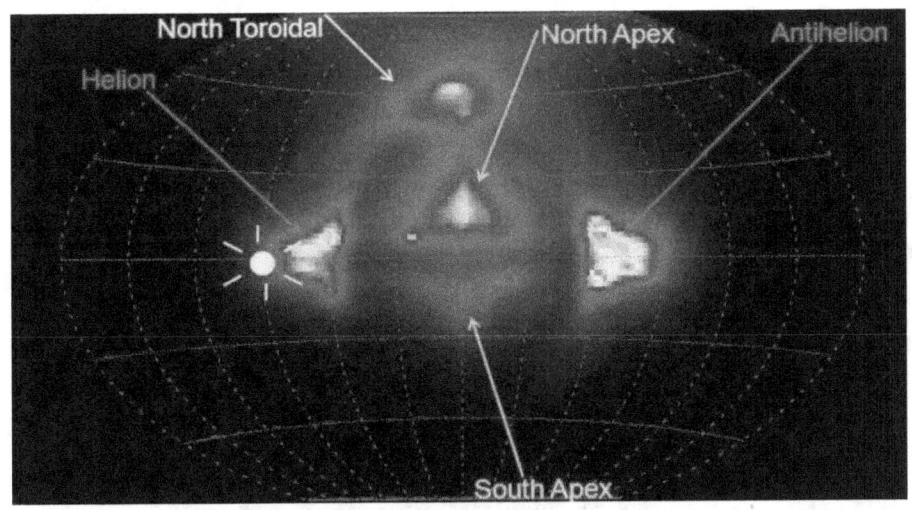

CMOR

L'octaèdre vu par Steven Christopher dit LSC

En 2017, j'ai crée un site internet et ai fait personnellement des découvertes (*laterreestconcave.home.blog*) comme la réelle distance des astres. J'y présente la réalité de notre modèle cosmologique et toutes les preuves physiques et mathématiques. J'ai également écrit un livre sous mon pseudonyme Cyprus Star où toutes les preuves de la réalité de notre paradigme sont réunies.

La Terre concave signifie une chose très claire ; nous vivons dans une matrice. Mais quelle matrice ? Il y a plusieurs possibilités mais nous sommes sûrs d'être dans un globe aux dimensions parfaites; au nombre d'or.

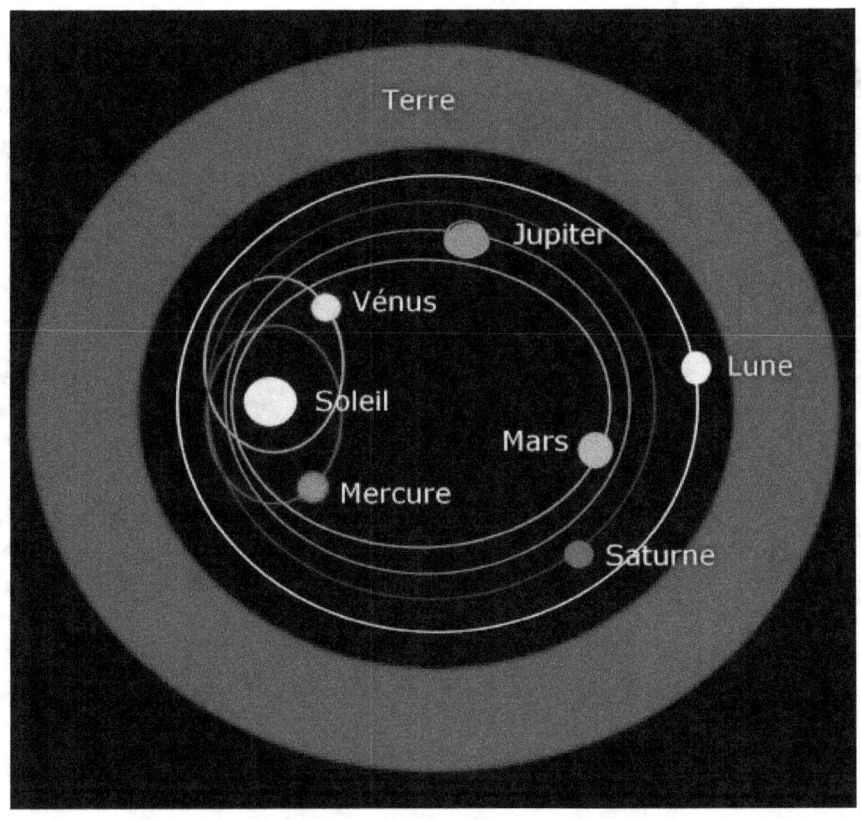

Représentation du système réel dans la Terre concave. La sphère céleste est au centre de la Terre

6.2/ La Terre est au nombre d'or

Le nombre d'or φ est irrationnel. Il est l'unique solution positive de l'équation $x^2 = x + 1$. Il vaut exactement $(1+\sqrt{5})/2$ soit environ 1.6180339887… (plus de détail sur le nombre d'or au chapitre 7.1/ Le nombre d'or ; la preuve mathématique).

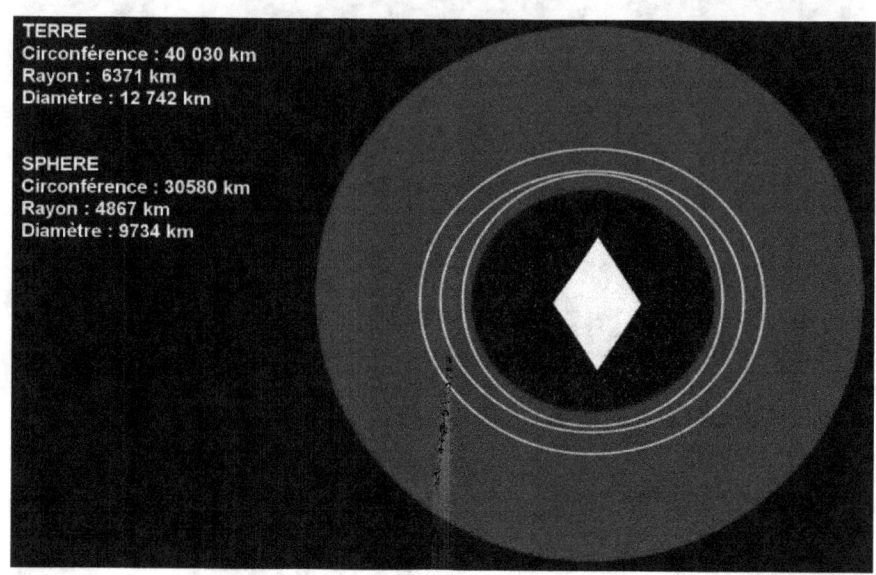

La Terre en bleue, la sphère céleste en noir avec l'octaèdre au milieu

Un nombre irrationnel est un nombre qu'il n'est pas possible de réduire en ratio, soit en fraction. Contrairement à π, φ n'est pas un nombre transcendant. φ est un rapport naturellement présent dans de nombreuses constructions géométriques. Le pentagone, par exemple, est une source sûre pour trouver le nombre d'or. Chaque branche de l'étoile est en fait un triangle d'or. Si l'on divise la longueur du grand côté par le petit on obtient le nombre d'or φ. On a donc ici un rapport φ dans la construction des triangles d'or. Mais il y a 2 niveaux de triangle. Et si l'on compare les longueurs des côtés de ces triangles d'une échelle à l'autre, c'est aussi φ qui ressort !

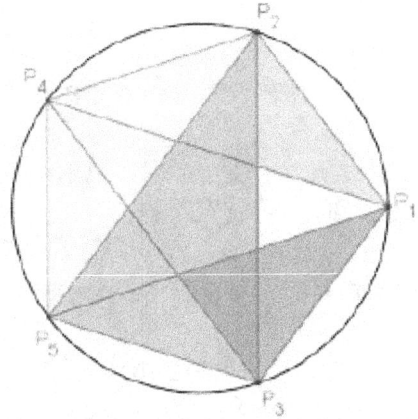

On peut déduire plusieurs particularités de l'équation $x^2 = x + 1$ dont la solution et φ et vaut $(1+\sqrt{5})/2$:

φ² = φ + 1 ≈ 2.6180339887
1/φ = φ - 1 ≈ 0.6180339887
√5 = φ + 1/φ ≈ 1.6180339887 + 0.6180339887 ≈ 2.236067977

Grâce aux équations ci-dessus, le nombre d'or est certainement le seul nombre pour lequel on peut faire coïncider une progression géométrique et une progression arithmétique.

La progression arithmétique s'obtient en additionnant deux nombres successifs de la suite pour trouver le suivant.
Par exemple: 0.618 + 1 = 1.618 → 1.618 + 1 = 2.618 ... etc.

Concernant notre système, le nombre d'or est omniprésent :

Taux d'occupation de l'octaèdre dans la sphère :

6014 km (diamètre Octaèdre) : 9734 km (diamètre sphère céleste) x 100 = 61.78%

Taux d'occupation de la sphère dans la Terre :

9734 km (diamètre sphère céleste) : 12 742 km (diamètre Terre) x 100 = 76.39%

61.78 : 76.39 = 0.8087 x 2 = 1,61

9734 Km (diamètre sphère céleste) : 1,618 = 6014 Km (diamètre Octaèdre)

12 742 Km (Diamètre Terre) : 4867 Km (diamètre sphère céleste) = 1.309 x 2 = 2.618

9734 Km (diamètre sphère céleste) : 6014 km (diamètre Octaèdre) = 1,618

Cela amène à penser que si notre monde est parfait, il ne peut être que crée non par le hasard d'une évolution chaotique mais par un créateur. Peut importe que ce soit une entité divine ou un programme informatique, quelqu'un a crée ce monde pour une raison bien précise.

6.3/ La recherche extraterrestre

Dans un précédent livre *"Mensonges OVNI, 70 ans de désinformation"*, j'ai prouvé que les ovnis étaient dus à des observations d'engins militaires secrets ou à d'autres explications rationnelles. J'ai moi-même été témoin d'un ovni en 1990 ou devrais-je dire d'un aéronef américain. En matière de recherche d'intelligence extraterrestre, une équipe australienne a publié les résultats de leur étude dans *Publications of the Astronomical Society of Australia*. Ces chercheurs ont utilisé le grand radiotélescope australien, le MWA, et analysé 6 exoplanètes et plus de 10 millions de systèmes stellaires dans la région de Véla de notre voie lactée. Ils recherchaient des technosignatures, c'est à dire des indicateurs de civilisations extraterrestres avancées. Il s'agit de l'enquête la plus profonde et la plus large à ce jour. Le MWA, a donc chercher des signaux radio, dans des fréquences similaires à la radio FM. Résultat : pas un seul murmure de technologie extraterrestre. Mais est-ce étonnant ? Pas vraiment. Quant au paradoxe de Fermi qui se demande pourquoi notre civilisation n'observe pas de civilisations extraterrestres, la réponse est simple : parce que la Terre est fermée. Si extraterrestre il y a, ce n'est pas dans notre réalité.

7/ Le design intelligent

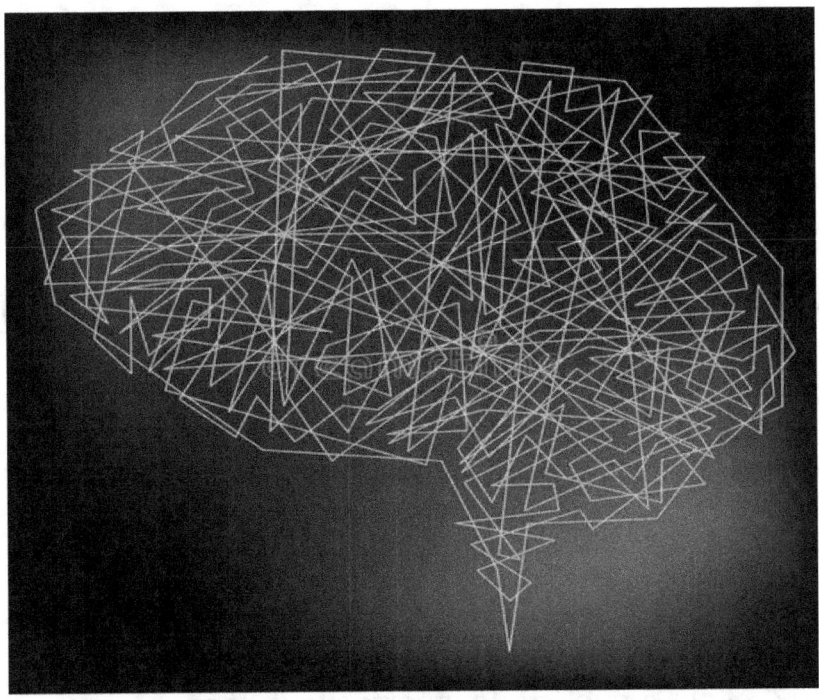

Il y a deux grandes théories concurrentes concernant les origines de la vie: l'évolution et le créationnisme. L'évolution représente l'opinion de la science établie sur la manière dont l'univers a commencé, et le créationnisme propose l'explication religieuse. Puis vint le design intelligent. La théorie du design intelligent prétend que la vie telle que nous la connaissons n'aurait pas pu se développer à travers des processus naturels aléatoires et que seule la création d'une intelligence peut expliquer la complexité et la diversité que nous voyons aujourd'hui. En 2004, la commission scolaire de Douvres, en Pennsylvanie, a voté pour exiger l'enseignement du design intelligent

parallèlement à l'évolution dans les classes de sciences. Cependant le 20 décembre 2005, le juge de la Cour de district des États-Unis a statué que le district scolaire ne pouvait pas donner suite parce qu'il violerait la séparation constitutionnelle de l'Église et de l'État. Le juge, sans doute influencé par le système établi, a conclu que ce n'était pas de la science et que cet enseignement ne pouvait pas se dissocier du domaine du religieux. Mais en réalité il y a des preuves scientifiques du design intelligent. Le premier argument est basé sur les informations que les scientifiques trouvent dans la cellule. Les arrangements des quatre nucléotides, ACTG, contiennent des informations spécifiées et donnent une signification pour la production et les arrangements des protéines. Le second est un processus appelé correction d'erreur ADN (ou réparation ADN). Notre corps crée un nouvel ADN en permanence dans un processus connu sous le nom de réplication ; la double hélice d'ADN est divisée en deux, et si un nucléotide incorrect est déposé, un processus de correction d'erreur détecte l'anomalie, l'arrête, retire le mauvais nucléotide pour mettre le bon, puis permet au processus de réplication de se poursuivre. En plus des mécanismes de réparation, l'ADN contient aussi des processus de relecture qui garantissent la précision des informations. Tout ça se produit quand les transcrits d'ARN messager sont traduits en protéines.
La complexité est totalement hallucinante.

7.1/ Le nombre d'or ; la preuve mathématique

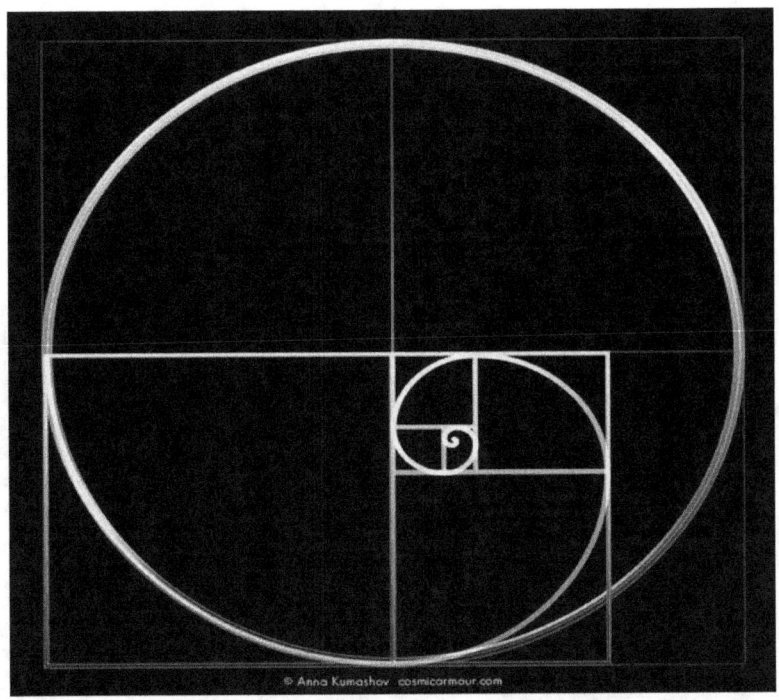

Rappelons que la moyenne d'or, le nombre d'or ou la proportion divine fait référence à l'acte de couper une ligne à un point précis. Le point C coupe la droite AB à la proportion divine si la ligne entière (α + β) est proportionnelle au segment le plus long (α) dans exactement la même proportion que le segment le plus long (α) l'est au segment le plus court (β).

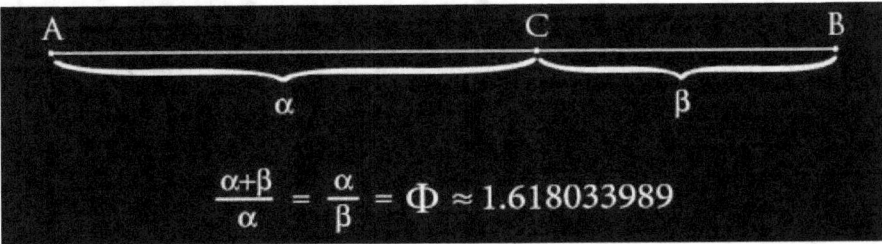

$$\frac{\alpha+\beta}{\alpha} = \frac{\alpha}{\beta} = \Phi \approx 1.618033989$$

La lettre grecque Φ (phi) est utilisée pour désigner la proportion divine. Φ est un nombre irrationnel dont l'approximation décimale se poursuit indéfiniment sans se répéter. Le rectangle d'or est une figure bidimensionnelle où le rapport du côté le plus long au côté le plus court est égal à Φ divisé par 1, ce qui se réduit à Φ.

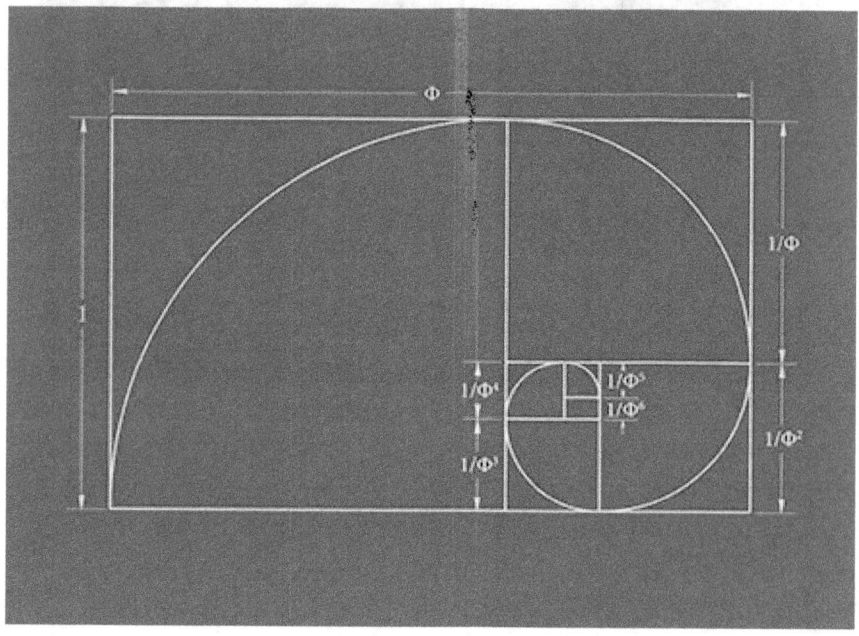

Sur le côté droit de la figure, le côté le plus court est à nouveau subdivisé de façon à ce que ce qui était autrefois la partie la plus petite est maintenant le plus grand, à savoir le côté d'une longueur de 1. Le rapport du nouveau segment plus grand (1) au plus petit suivant segment est égal à 1 divisé par 1 / Φ, ce qui se réduit aussi à Φ. La subdivision continue en se réduisant toujours à Φ. Le rectangle d'or implique une spirale, composée de segments d'arc de cercle centrés sur le coin de chaque carré. Le plus petit rectangle à la fin de la spirale est également un rectangle d'or, de manière que le processus de subdivision divine se poursuive infiniment vers l'intérieur. La proportion divine est toujours la même et ne dépend pas de la longueur de la ligne divisée.

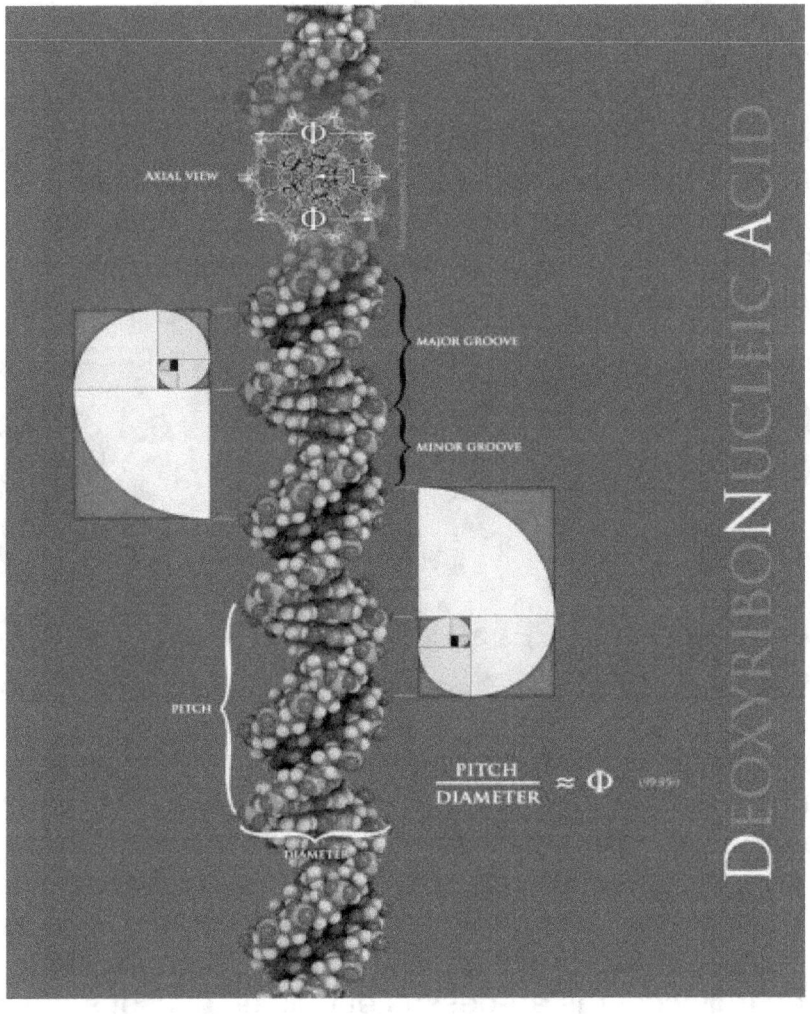

À l'échelle moléculaire, l'"ADN est divinement proportionné

La vue en haut de l'illustration montre que l'axe de la structure est agencé comme un décagone, avec 1 comme rayon et Φ dimensionné à travers la molécule. La relation de la double hélice entre les rainures majeures et mineures est également divinement proportionnée. Le pas global de la spirale par rapport à son diamètre est également une expression de Φ (99,9%).

L'ADN est organisé en triplets nucléotidiques, appelés codons. Le généticien Jean-Claude Perez a découvert que la fréquence d'apparition des codons dans le génome humain est fortement liée à Φ. Le code de la vie est une incarnation multidimensionnelle de la proportion divine.

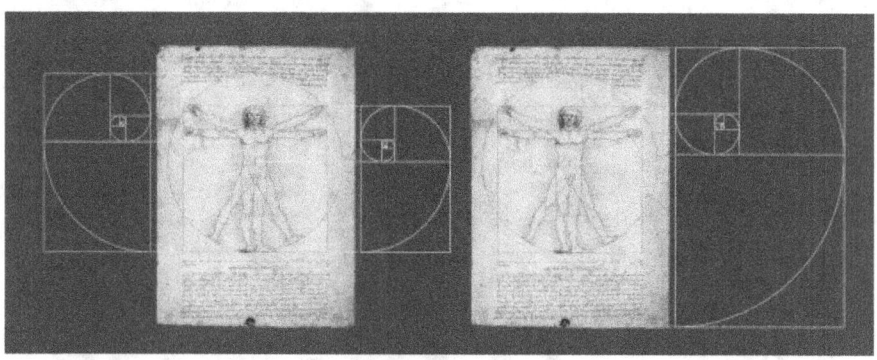

Léonard de Vinci représentait un homme à la fois dans un cercle et dans un carré, basé sur l'ancien standard de proportion trouvé dans les écrits de Vitruve. Les divisions primaires dans les rectangles d'or pointent vers le nombril et le cœur. Le nombril est le centre du corps physique. Le cœur est le centre du corps énergétique, avec trois chakras au-dessus et trois en dessous. Le rectangle d'or ancré sur la page elle-même pointe vers le troisième œil de l'homme idéalisé.

Le visage et le cerveau

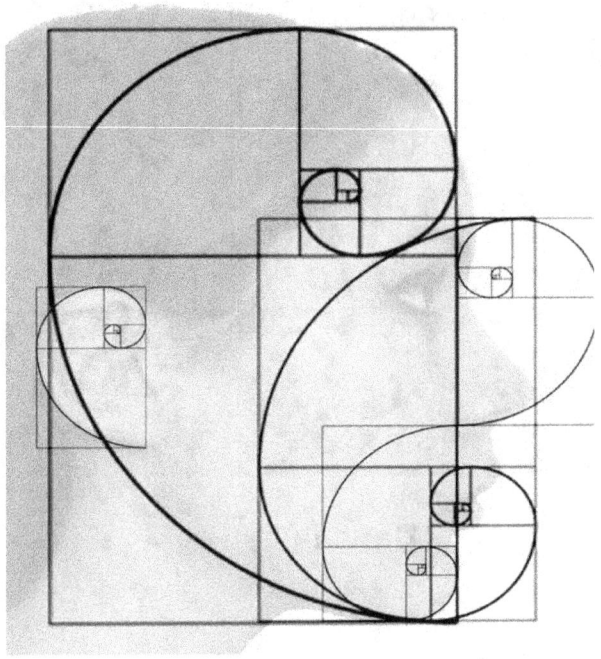

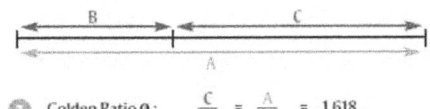

① Golden Ratio ∅ : $\frac{C}{B} = \frac{A}{C} = 1.618...$

1: THE GOLDEN RATIO
When a line is divided into two unequal segments, they are in the golden ratio if they satisfy the equation shown (*above*).

2: THE HUMAN SKULL
In the arc drawn over the skull (*right*), the two segments as demarcated by the bregma are in the golden ratio.

Source: Johns Hopkins University

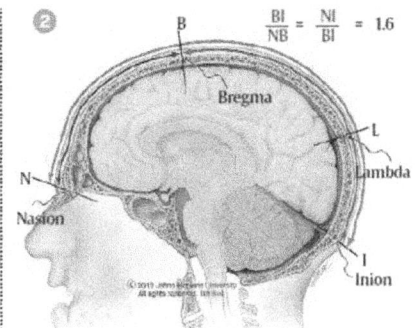

$\frac{BI}{NB} = \frac{NI}{BI} = 1.6$

La main

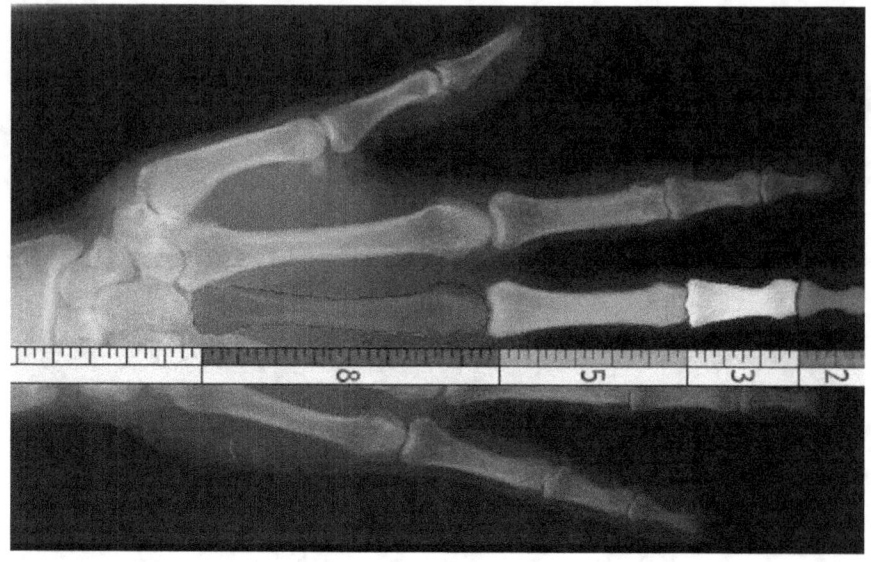

Dans la nature

7.2/ Les preuves physiques du design intelligent

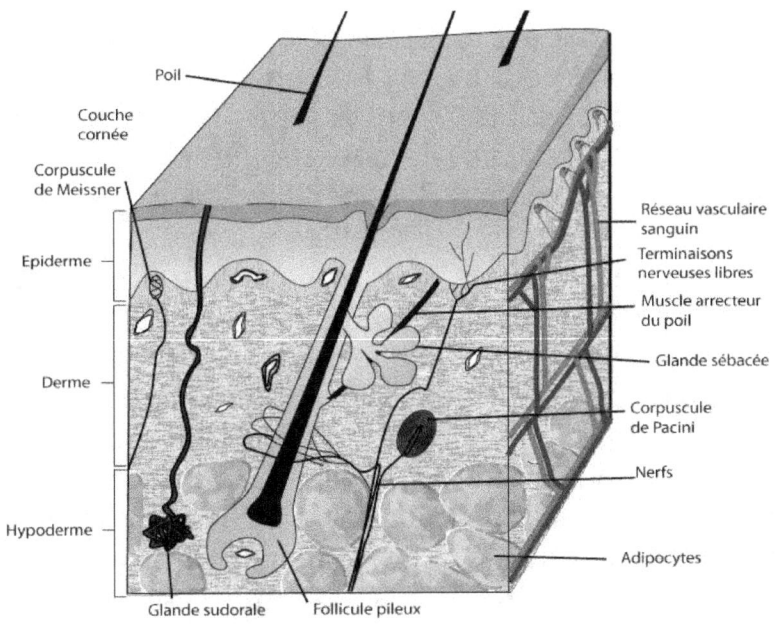

La peau

Où peut-on trouver 19 millions de cellules, 625 glandes sudoripares, 90 glandes sébacées, 65 cheveux, 6 mètres de vaisseaux sanguins et 19 000 cellules sensorielles ? Dans un 2,5 cm carré de peau humaine ! La peau humaine est considérée comme le plus grand organe du corps (environ 16% de notre poids corporel) et couvre une superficie de 6 mètres carré. La peau se renouvelle constamment, excrétant plus de 30 000 cellules mortes chaque minute ou 4 kg par an, de sorte que la peau est complètement remplacée en un an par des cellules cutanées nouvellement cultivées.
La couche externe de l'épiderme se renouvelle tous les 28 jours. Ainsi les cellules mortes de la peau produisent plus de la moitié de la poussière de nos logements ! La peau peut se guérir en formant du tissu cicatriciel et si

elle est exposée à une pression physique, elle peut former un cal pour fournir une épaisseur et une ténacité supplémentaires. Différentes parties du corps ont différents types de peau pour protéger une zone particulière du corps. Si la peau ne se guérissait pas d'elle-même, les humains et les animaux ne vivraient pas longtemps, cette guérison ne pourrait pas résulter d'un processus évolutif sur de longues périodes. Sans compter que la peau contient plus de 1000 types de bactéries bénéficiant principalement à la peau en l'aidant à guérir les plaies, en réduisant l'inflammation et en aidant le système immunitaire du corps à lutter contre les infections. La peau élimine les déchets du corps, y compris les toxines des glandes sudoripares et des pores. Elle régule la température corporelle grâce à des millions de terminaisons nerveuses qui permettent de détecter des sensations telles que la chaleur, le froid, la douleur et la pression. Les nerfs de la peau sont connectés aux muscles qui envoient des signaux pour réagir rapidement à la chaleur ou à la douleur. Les récepteurs de la peau réagissent à la douleur et au toucher. La peau des doigts et des paumes est plus épaisse et plus rugueuse pour permettre la prise d'objets, sinon un verre d'eau glisserait de nos mains. Chaque personne a une empreinte digitale unique dans sa peau qui est utilisée pour les identifier. Comment cela pourrait-il être un accident aléatoire ? Aucune des fonctions de la peau n'aurait pu évoluer sur des millions d'années sans que les humains et les animaux ne meurent avant de se reproduire. Toutes les fonctions de la peau doivent avoir été présentes lors de la création originale afin de maintenir les humains et les animaux en vie assez longtemps pour pouvoir se reproduire. Par conséquent, la peau est intelligemment conçue par un créateur.

La coagulation du sang

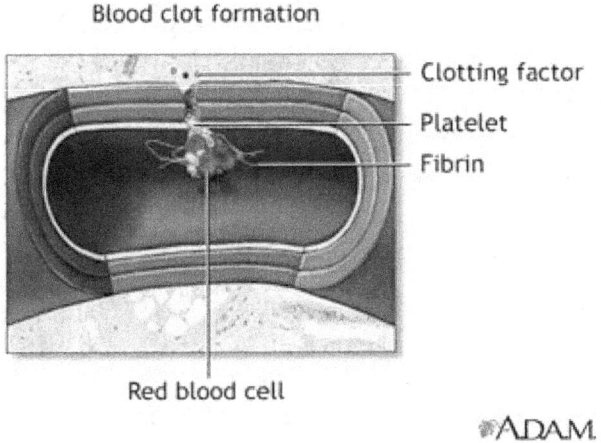

Voici une image d'une cellule piégée dans un caillot. Le maillage est formé d'une protéine appelée fibrine. Lorsqu'un animal est coupé, une protéine appelée facteur Hageman colle à la surface des cellules près de la plaie. Le facteur Hageman lié est ensuite clivé par une protéine appelée HMK pour produire l'activation du facteur Hageman. Immédiatement, le facteur Hageman activé convertit une autre protéine, appelée prékallikréine, en sa forme active, la kallikréine. aide HMK à accélérer la conversion de plus de facteur Hageman en sa forme active. Le facteur Hageman activé et la HMK transforment alors ensemble une autre protéine, appelée PTA, en sa forme active. Le PTA activé à son tour, associé à la forme activée d'une autre protéine appelée convertine, transforme une protéine appelée facteur de Noël en sa forme active. Le facteur de Noël activé, avec le facteur antihémophilique change le facteur Stuart en sa forme active. Ce dernier agissant avec l'accélérine, convertit la prothrombine en thrombine qui, elle, coupe le fibrinogène pour donner la fibrine, qui s'agrège avec d'autres molécules de fibrine pour former le caillot maillé. La coagulation sanguine nécessite une précision extrême. Lorsqu'un système de circulation sanguine sous pression est perforé, un caillot doit se former rapidement ou l'animal saignera à mort. D'un autre côté, si le sang se fige au mauvais moment ou au mauvais endroit, le caillot peut bloquer la circulation comme il le fait dans les crises cardiaques et les accidents vasculaires cérébraux. De plus, un caillot doit arrêter le saignement sur toute la longueur de la coupure, la scellant complètement. Pourtant, la coagulation du sang doit être confinée à la coupure ou tout le système sanguin de l'animal pourrait se solidifier et le tuer. Par conséquent, la coagulation nécessite ce système extrêmement complexe de sorte que le caillot ne se forme que lorsque et seulement là où il est nécessaire.

Cilium (cils cellulaires)

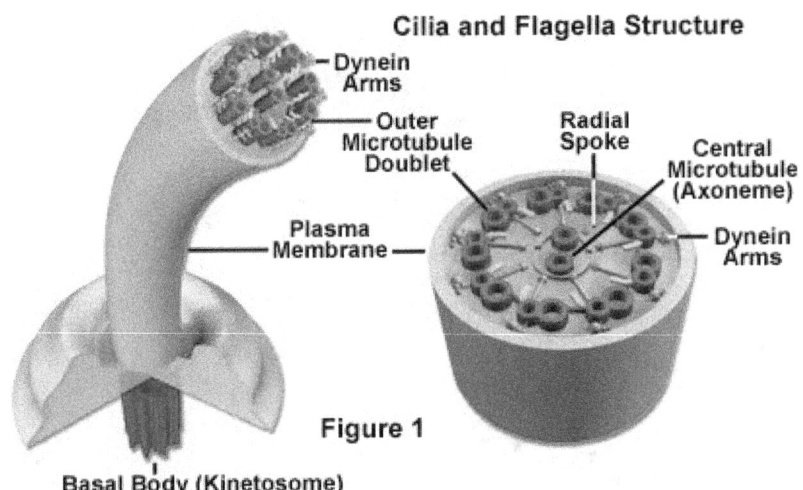

Figure 1

Il existe des systèmes biochimiques irréductiblement complexes. Un bon exemple est le cil. Les cils sont des structures ressemblant à des cheveux sur les surfaces de nombreuses cellules animales et végétales inférieures qui peuvent déplacer le fluide sur la surface de la rangée des cellules individuelles à travers un fluide. Un cil est constitué d'un faisceau de fibres appelé axonème qui, lui, contient un anneau de 9 doubles microtubules entourant deux microtubules simples centraux. Chaque doublet extérieur est constitué d'un anneau de 13 filaments (sous-fibre A) fusionnés à un assemblage de 10 filaments (sous-fibre B). Les filaments des microtubules sont composés de deux protéines appelées alpha et bêta tubuline. Les 11 microtubules formant un axonème sont maintenus ensemble par trois types de connecteurs : les sous-fibres A sont reliées aux microtubules centraux par des rayons radiaux; les doublets externes adjacents sont joints par des lieurs d'une protéine hautement élastique appelée nexine; et les microtubules centraux sont reliés par un pont de connexion. Chaque sous-fibre A porte deux bras, un bras intérieur et un bras extérieur, tous deux contenant une protéine appelée dynéine.

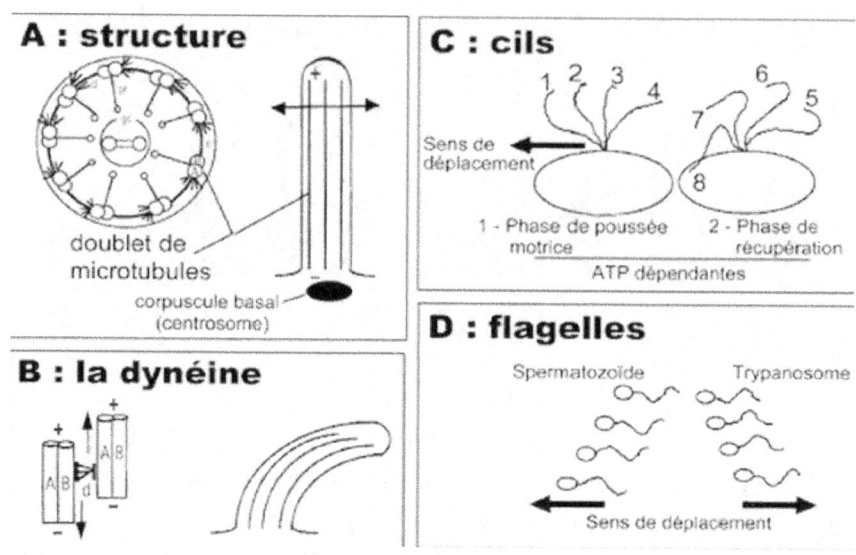

Des expériences ont montré que le mouvement ciliaire résulte de l'activation alimentée chimiquement des bras de dynéine sur un microtubule vers le haut d'un deuxième de sorte que les deux glissent l'un sur l'autre. Les réticulations protéiques entre les microtubules dans un cil empêchent les microtubules voisins de glisser les uns sur les autres de plus d'une courte distance. Ces réticulations convertissent le mouvement de glissement induit par la dynéine en un mouvement de flexion de l'axonème entier. Le mouvement ciliaire nécessite des microtubules; sinon, il n'y aurait pas de brins à glisser. Il faut un moteur, sinon les microtubules du cil resteraient raides et immobiles, et il faut que les lieurs tirent sur les brins voisins afin de convertir le mouvement de glissement en flexion et empêcher la structure de se désagréger. Le mouvement ciliaire n'existe pas en l'absence de microtubules, de connecteurs et de moteurs. Ainsi nous pouvons conclure que le cil est d'une complexité telle qu'il constitue une preuve contre l'évolution darwinienne.

Structure des protéines

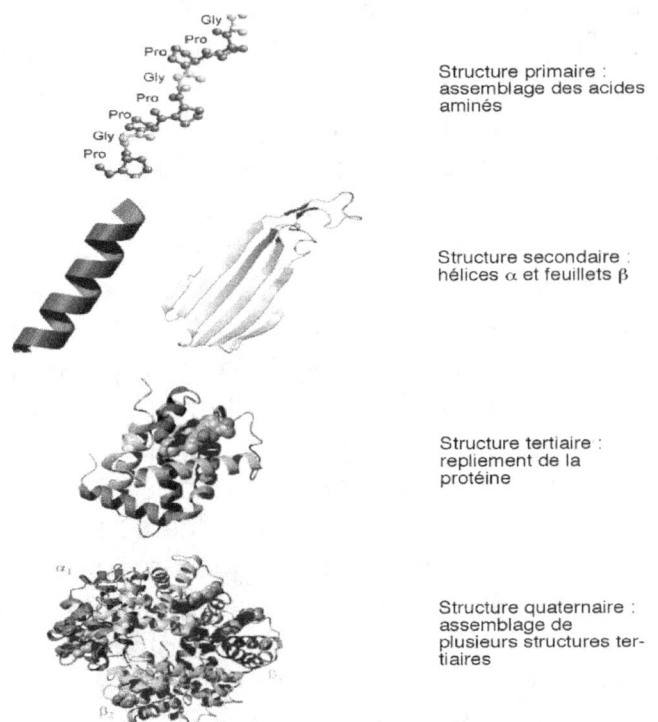

Structure primaire : assemblage des acides aminés

Structure secondaire : hélices α et feuillets β

Structure tertiaire : repliement de la protéine

Structure quaternaire : assemblage de plusieurs structures tertiaires

Les protéines sont de grandes molécules complexes qui jouent un rôle clé dans pratiquement toutes les opérations de la cellule. Les biochimistes savent depuis longtemps que la structure tridimensionnelle d'une protéine dicte sa fonction. Parce que les protéines sont de si grandes molécules complexes, les biochimistes catégorisent la structure des protéines en quatre niveaux différents : structures primaires, secondaires, tertiaires et quaternaires. La structure primaire d'une protéine est la séquence linéaire d'acides aminés qui composent chacune de ses chaînes polypeptidiques. La structure secondaire se réfère à des arrangements tridimensionnels à courte portée du squelette de la chaîne polypeptidique résultant des interactions entre les groupes chimiques qui constituent son squelette. Trois des structures secondaires les plus courantes sont la bobine aléatoire, l'hélice alpha (α) et la feuille plissée bêta (β) . La structure tertiaire décrit la forme globale de la chaîne polypeptidique entière et l'emplacement de chacun de ses atomes dans l'espace tridimensionnel. La structure et l'orientation spatiale des groupes chimiques qui s'étendent du squelette de la protéine font également partie de la structure tertiaire. La structure quaternaire apparaît lorsque plusieurs chaînes polypeptidiques individuelles interagissent pour former un complexe protéique fonctionnel.

Au sein de la structure tertiaire des protéines, les biochimistes ont découvert des régions compactes et autonomes qui se replient indépendamment. Ces régions tridimensionnelles de la structure de la protéine sont appelées domaines. Certaines protéines sont constituées d'un seul domaine compact, mais de nombreuses protéines possèdent plusieurs domaines. En effet, les domaines peuvent être considérés comme les unités fondamentales de la structure tertiaire d'une protéine. Chaque domaine possède une fonction biochimique unique. Les biochimistes se réfèrent à l'arrangement spatial des domaines comme l'architecture de domaine d'une protéine.

Les chercheurs ont découvert plusieurs milliers de domaines protéiques distincts. Beaucoup de ces domaines se reproduisent dans différentes protéines, la structure tertiaire de chaque protéine étant constituée d'une combinaison mixte de domaines protéiques.
Les biochimistes ont également appris qu'il existe une relation entre la complexité d'un organisme et le nombre de domaines uniques trouvés dans son ensemble de protéines et le nombre de protéines multi-domaines codées par son génome.
Autant de progrès que les biochimistes ont réalisés dans la caractérisation de la structure des protéines au cours des dernières décennies, ils manquent encore d'une compréhension fondamentale de la relation entre la structure primaire (la séquence d'acides aminés) et la structure tertiaire et, par conséquent, la fonction des protéines. Afin de développer cette vision, ils doivent déterminer les «règles» qui dictent la façon dont les protéines se replient. Traiter les protéines comme des systèmes d'information peut aider à déterminer certaines de ces règles. Les protéines ne sont pas seulement des molécules complexes, mais aussi des systèmes porteurs d'informations. La séquence d'acides aminés qui définit la structure primaire d'une protéine est un type d'information biochimique avec les acides aminés individuels analogues aux lettres qui composent un alphabet.
Pour mieux comprendre la relation entre la structure primaire d'une protéine et ses structures tertiaires, les chercheurs de l'UAB et du NIH ont effectué une analyse de n-gramme sur les 23 millions de domaines protéiques trouvés dans les ensembles de protéines de

4800 espèces trouvées dans les trois domaines de la vie.

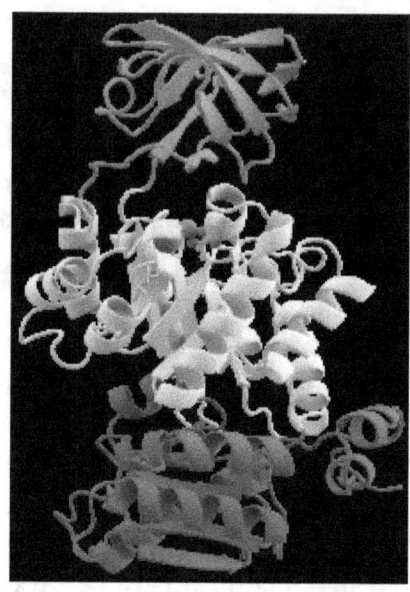

Pyruvate kinase, un exemple de protéine à trois domaines

Ces chercheurs soulignent qu'un acide aminé individuel dans la structure primaire d'une protéine ne contient pas d'informations, tout comme une lettre individuelle dans un alphabet n'a aucune signification. Dans le langage humain, l'unité la plus élémentaire qui transmet un sens est un mot. Et, dans les protéines, l'unité la plus basique qui transmet une signification biochimique est un domaine. Pour déchiffrer la grammaire utilisée par les protéines, les chercheurs ont traité des paires adjacentes de domaines protéiques dans la structure tertiaire de chaque protéine de l'échantillon. En examinant les protéines trouvées dans leur ensemble de données de 4 800 espèces, ils ont découvert que

95% de toutes les combinaisons de domaines possibles n'existaient pas ! Cette constatation est essentielle. Cela indique qu'il existe des règles qui dictent la manière dont les domaines interagissent. En d'autres termes, tout comme certaines combinaisons de mots ne se produisent jamais dans les langues humaines en raison des règles de grammaire, il semble y avoir une grammaire protéique qui contraint les combinaisons de domaines dans les protéines. Les contraintes physico-chimiques qui définissent la grammaire des protéines dictent la structure tertiaire empêchant 95% des interactions domaine-domaine imaginables.

En thermodynamique, l'entropie est souvent utilisée comme mesure du désordre d'un système. Les théoriciens de l'information empruntent le concept d'entropie et l'utilisent pour mesurer le contenu informationnel d'un système. Pour les théoriciens de l'information, l'entropie d'un système est indirectement proportionnelle à la quantité d'informations contenues dans une séquence de symboles. À mesure que le contenu de l'information augmente, l'entropie de la séquence diminue, et vice versa. En utilisant ce concept, les chercheurs de l'UAB et du NIH ont calculé l'entropie des combinaisons de domaines protéiques. Dans le langage humain, l'entropie augmente à mesure que le vocabulaire augmente. Cela a du sens parce que, à mesure que le nombre de mots augmente dans une langue, la probabilité que des combinaisons de mots aléatoires contiennent une signification diminue. De la même manière, l'équipe de recherche a découvert que l'entropie de la grammaire des protéines augmente à mesure que le nombre de domaines augmente. Les langues humaines véhiculent toutes la même quantité d'informations. C'est-à-dire qu'ils affichent tous le même contenu d'entropie. Les théoriciens de l'information interprètent cette observation comme une indication qu'une grammaire universelle sous-tend toutes les langues humaines. Il est fascinant que les chercheurs aient découvert que les langages protéiques des procaryotes et des eucaryotes affichent tous le même niveau d'entropie et, par conséquent, le même contenu d'information. Cette relation tient malgré la diversité et les différences de complexité de l'organisme dans leur ensemble de données. Par analogie, cette découverte indique qu'une grammaire universelle existe pour les protéines. Ou pour le dire autrement, le même ensemble de contraintes physico-chimiques dicte la manière dont les domaines protéiques interagissent pour tous les organismes.

Cette étude illustre également à quel point il peut être fructueux de traiter les systèmes biochimiques comme des systèmes d'information. Les chercheurs concluent que les similitudes entre les langues naturelles et les génomes sont apparentes lorsque les domaines sont traités comme des analogues fonctionnels de mots dans les langues naturelles. C'est cette relation qui indique le rôle d'un créateur dans l'origine et la conception intelligente de la vie. Les arguments en faveur de la création se renforcent lorsque nous reconnaissons que ce n'est pas simplement la présence d'informations dans les biomolécules qui contribue à cette version d'une analogie d'horloger revitalisée. La vigueur supplémentaire vient de la découverte des chercheurs de l'UAB et du NIH selon laquelle la structure mathématique des langues humaines et des langues biochimiques est identique. La découverte d'une grammaire protéique signifie qu'il existe des contraintes physico-chimiques sur la structure des protéines. Il est remarquable de penser que les structures tertiaires des protéines peuvent être fondamentalement dictées par les lois de la nature, au lieu d'être le résultat d'une histoire évolutionniste historiquement contingente. La découverte d'une grammaire protéique révèle que la structure des systèmes biologiques peut refléter des principes profonds et sous-jacents qui découlent de la nature même de l'univers lui-même. Ces structures sont précisément celles dont la vie a besoin pour exister. Cela peut être la preuve que notre univers a été conçu de toutes pièces.

L'œil humain

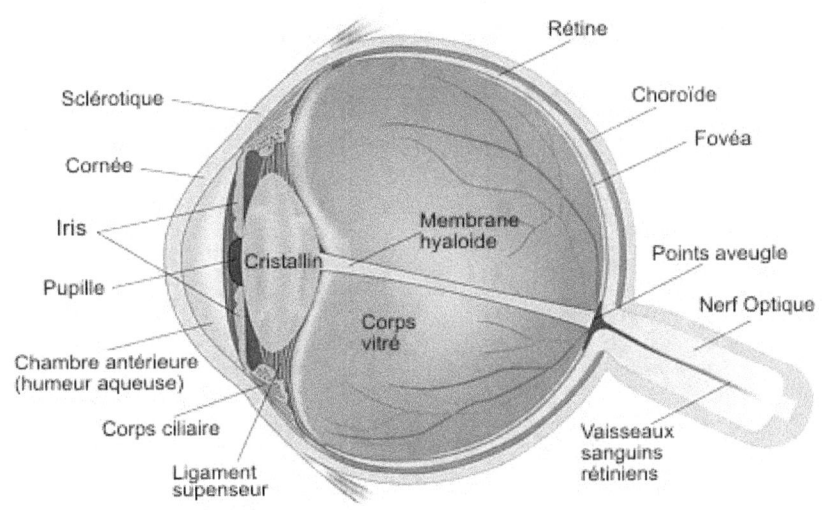

Selon National Geographic, l'œil a été formé par des mutations selon la théorie de la sélection naturelle. Le souci avec la sélection naturelle c'est qu'elle ne conserve aucune mutation ou changement qui ne soit pas immédiatement fonctionnel, donc supposer que l'œil et toutes ses parties complexes proviennent de millions de mutations, est impossible. Une rétine mutée ne survivrait pas sans la lentille, et une lentille mutée ne survivrait pas sans la rétine. Paul Ehrlich plaide pour une conception intelligente :

''Parce que les mutations sont aléatoires par rapport aux besoins et parce que les organismes s'intègrent généralement bien dans leur environnement, les mutations sont normalement soit neutres soit nuisibles; elles ne sont que très rarement utiles, tout comme un changement aléatoire effectué en enfonçant un tournevis dans les entrailles de votre ordinateur améliorera rarement ses performances.''

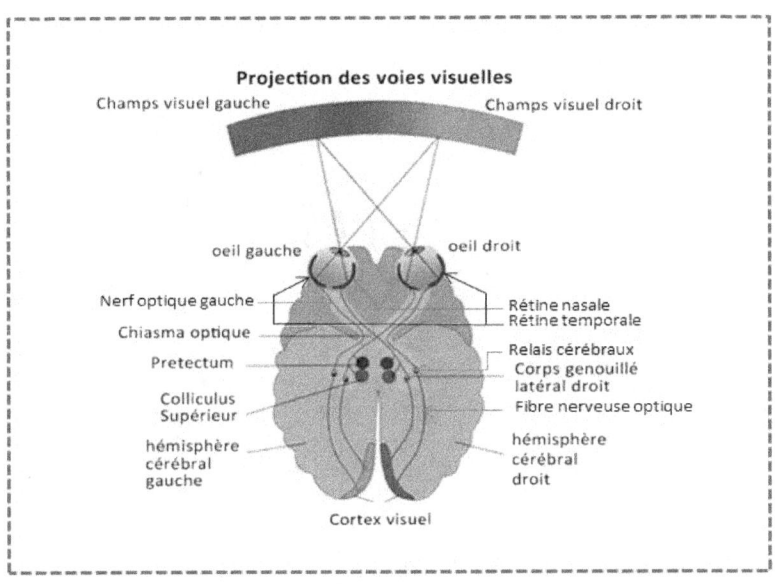

La conception intelligente dit que les parties de l'univers et de la nature sont mieux expliquées par une cause intelligente. L'œil correspond à cette définition exacte. Même Charles Darwin a dit : *"Pour supposer que l'œil, avec tous ses artifices inimitables pour ajuster la mise au point à différentes distances, pour admettre différentes quantités de lumière et pour corriger l'aberration sphérique et chromatique, aurait pu être formé par sélection naturelle, semble, je l'avoue librement, absurde au plus haut degré."*
Enfin, l'œil montre un design intelligent car ses immenses structures et systèmes n'auraient purement pu être créés par une série d'événements aléatoires. L'œil a été planifié, et a été fait par un créateur. Il a même pensé aux larmes pour mouiller les yeux et les débarrasser de toute saleté à l'intérieur.

D'autres exemples

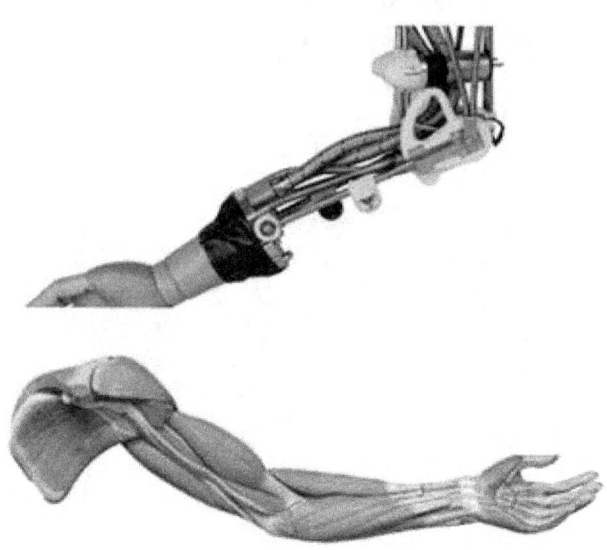

Quand on compare le bras humain à celui d'un robot, de frappantes similitudes apparaissent.

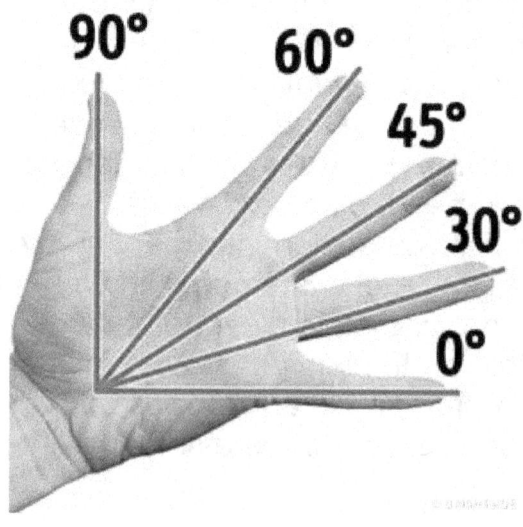

La main est parfaitement conçue ; un angle droit se forme quand elle est ouverte totalement.

Les fossiles

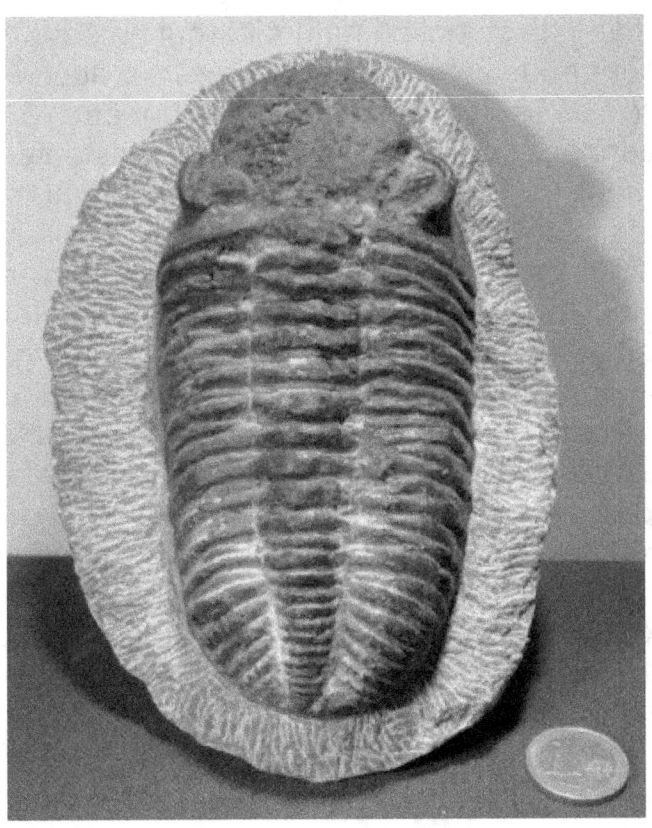

Les trilobites fossiles présentent tous les attributs d'une créature conçue dans un but. Les fossiles présentent des caractéristiques qui semblent conçues, un peu comme des organismes vivants. La véritable cause des fossiles ne peut être déterminée qu'en testant des agents causaux connus pour voir s'ils peuvent produire la complexité spécifiée évidente dans la conception des fossiles. Des causes non intelligentes telles que la variation aléatoire des mutations ou la loi déterministe de la sélection naturelle ne se sont pas avérées capables de produire une complexité spécifiée, encore moins une complexité nouvelle et plus spécifiée. Plus précisément, la sélection naturelle (qui ne peut sélectionner que ce qui est déjà créé) n'a aucun pouvoir créateur. Les seules choses qui peuvent être «sélectionnées» sont des choses déjà existantes. Par conséquent, dans le darwinisme, toute «création» de nouvelles informations ADN codant pour de nouvelles conceptions corporelles comme en témoignent les fossiles doit être produite par une physique déterministe non intelligente. Chaque mutation aléatoire du génome d'un plan corporel existant doit être bénéfique du point de vue directionnel pour produire un nouveau plan corporel bénéfique. Mais, comme discuté ci-dessus, aucun processus naturel inintelligent n'a été montré pour produire une nouvelle morphologie bénéfique, ou un nouveau contenu d'information bénéfique dans le génome, ou de nouvelles espèces. Par conséquent, la capacité des processus darwiniens à produire la complexité spécifiée évidente dans les fossiles est sérieusement remise en question.

8/ La forme de l'univers

L'étude de la courbure de l'univers est un domaine de recherche en perpétuelle évolution en cosmologie. Ces dernières années, les données recueillies par des missions d'observation comme que WMAP et Planck ont montré une courbure localement nulle de l'Univers, indiquant que ce dernier est donc certainement plat. Ce modèle de l'Univers plat est aujourd'hui intégré au modèle cosmologique standard, mais une anomalie venant des données recueillies par l'observatoire spatial Planck en 2018, concernant le fond diffus cosmologique, pourrait être interprétée comme le signe d'un univers sphérique fermé. Selon une équipe internationale d'astronomes de l'Université de Manchester au Royaume-Uni, les conclusions obligent à repenser radicalement le modèle actuel. La clé dans la détermination de la courbure de l'Univers réside dans la façon dont la gravité courbe le trajet de la lumière, un effet prédit par Einstein et appelé lentille gravitationnelle.

Les données du satellite Planck, celles de 2018 en particulier, montrent que le CMB subit un effet de lentille gravitationnelle plus prononcé que prévu. La Collaboration Planck a appelé cette anomalie Alens, et celle-ci n'a pas encore été résolue, mais l'équipe estime qu'une explication pourrait être la courbure de l'univers. L'étude a été publiée dans la revue *Nature Astronomy*.

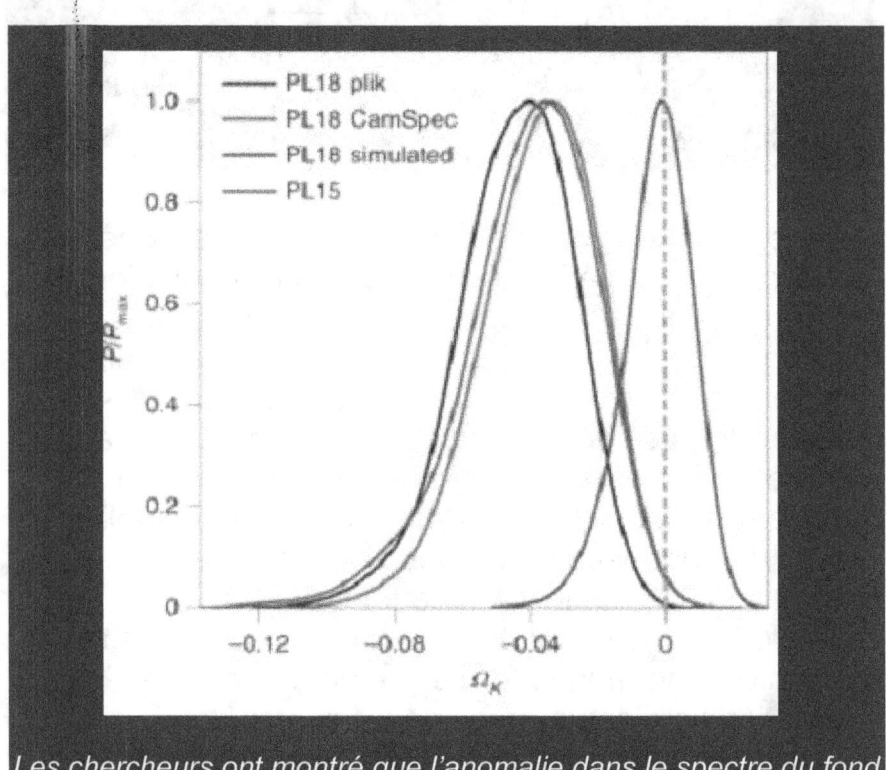

Les chercheurs ont montré que l'anomalie dans le spectre du fond diffus cosmologique pouvait être interprétée comme le signe d'un univers fermé (bleu). Crédits : Eleonora Di Valentino et al. 2019

"Un univers fermé peut fournir une explication physique à cet effet, le spectre du CMB de Planck pointant

désormais vers une courbure positive supérieure à 99% de confiance. Ici, nous étudions plus avant les preuves d'un univers fermé recueillies par Planck, montrant que la courbure positive explique naturellement l'amplitude anormale de l'effet de lentille'" écrivent les chercheurs. Les astrophysiciens Steven Gratton et George Efstathiou de l'Université de Cambridge ont également analysé les données de Planck de 2018 et ont mis en évidence des signes de courbure.

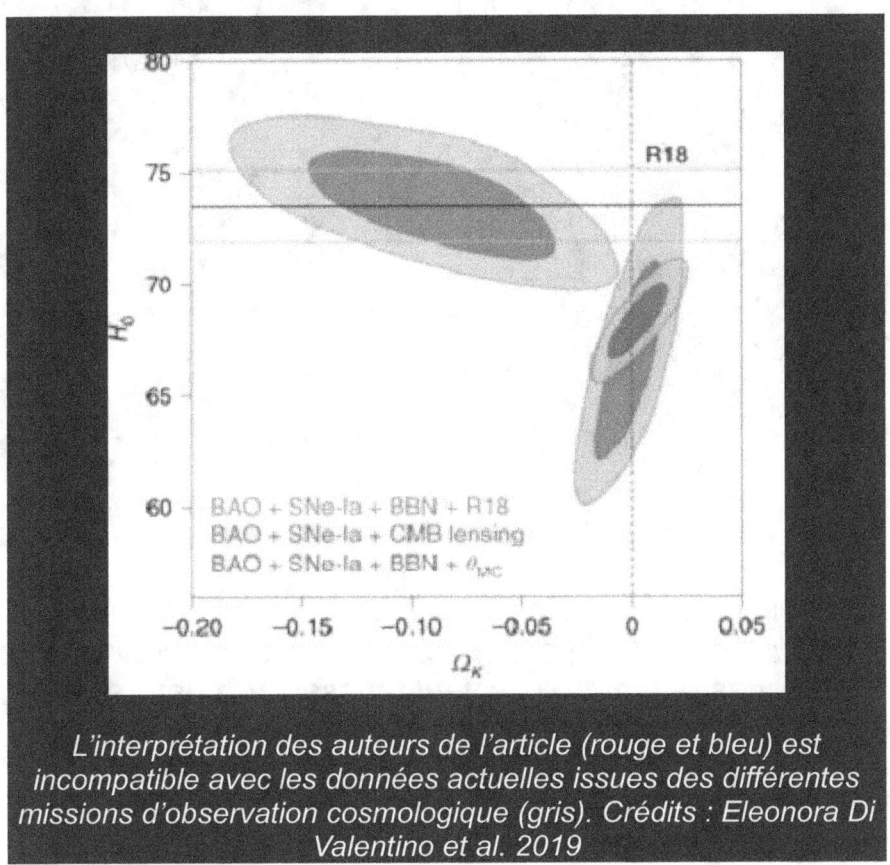

L'interprétation des auteurs de l'article (rouge et bleu) est incompatible avec les données actuelles issues des différentes missions d'observation cosmologique (gris). Crédits : Eleonora Di Valentino et al. 2019

9/ L'univers holographique

Le philosophe français René Descartes avait dit un jour : *"Il est possible que je rêve en ce moment et que toutes mes perceptions soient fausses."* La nature de la réalité a été méditée par les philosophes pendant des millénaires. Bien que Platon ou Descartes ne pensaient probablement pas à la matrice, beaucoup de gens ont pu noter que la théorie de la simulation est une itération moderne de l'allégorie de la caverne ou de l'hypothèse du démon diabolique. La théorie d'un univers holographique a été introduite pour la première fois en 1997 par le physicien Juan Maldacena. Ce dernier a postulé que la gravité provient de fines cordes vibrantes évoluant dans neuf dimensions de l'espace et une dimension du temps, la vie "réelle" existant dans un univers sans gravité. Il faut savoir que lorsque la gravité quantique est combinée à la mécanique quantique, la symétrie est impossible. L'hologramme est une image tridimensionnelle codée sur une surface bidimensionnelle. L'univers est construit de la même manière, la partie de dimension supérieure codée sur une partie de dimension inférieure plus plate. Ainsi, une seule partie est tangible ; la surface dimensionnelle inférieure sur laquelle l'hologramme est codé.

9.1/ Espace-temps anti-de Sitter

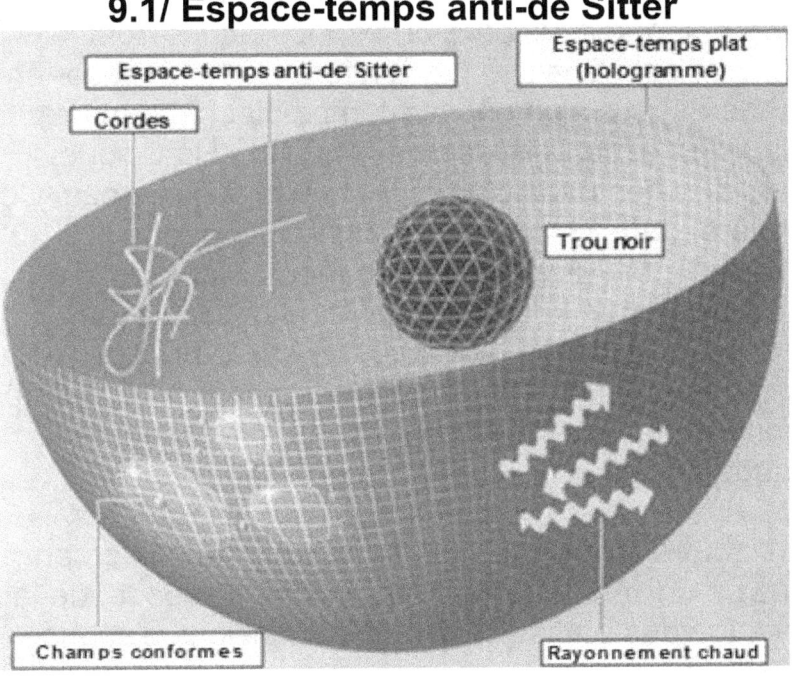

Un espace-temps anti-de Sitter
Représentation en 3D d'un univers holographique, caractérisé par un espace-temps à courbure négative dont le bord est un espace-temps plat dans lequel s'applique la théorie quantique des champs conformes alors qu'à l'intérieur s'applique la théorie des cordes incluant la gravité. Il s'y forme même des trous noirs sans danger résultant de l'interaction de particules sur le bord. © Alfred Kamajian

Dans la théorie de l'univers holographique, les lois physiques sont différentes à l'intérieur d'un volume et à sa surface, mais équivalentes par projection holographique. C'est ainsi que notre univers pourrait être un hologramme où la physique du bord serait la physique quantique, et la physique de l'intérieur ferait apparaître, dans une sorte d'illusion, la force de gravitation.

Pour être plus précis, les physiciens de la théorie holographique considère un espace-temps dont la courbure est négative. La frontière de cet espace-temps anti-de Sitter est un espace-temps plat (à courbure nulle). Sur cette frontière, nous utilisons la théorie quantique des particules et la gravité n'existe pas. Cette dernière, dans un univers holographique, est entièrement équivalente à une théorie quantique de la gravitation et de la matière, comme la théorie des cordes. L'interaction de particules sur le bord produit des phénomènes à l'intérieur : cordes, gravité, même d'éphémères trous noirs émettant un rayonnement chaud.

En d'autres termes, la gravité émerge naturellement, dans un univers à quatre dimensions d'espace, de la physique des particules à trois dimensions d'espace (qui

est notre physique quantique). Ce que nous appelons la gravité serait donc la conséquence de la géométrie de notre univers.
Exactement comme dans notre Terre concave dont l'espace se situe en son centre.

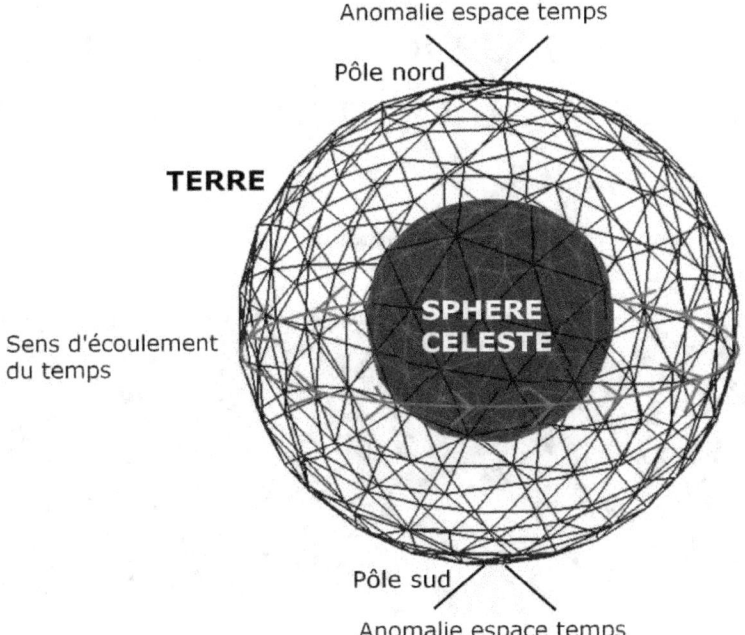

Sur le schéma j'ai inscrit qu'il y avait des anomalies aux pôles respectifs. En effet, il a été prouvé que la Terre était ouverte, une anomalie ayant même été trouvée en Antarctique en 2019. La nouvelle a été reprise par les journaux qui ont pour la plupart titré : *"La preuve d'un univers parallèle"*, alors qu'au delà d'un univers parallèle, cette découverte prouve l'ouverture de la Terre aux pôles.

9.2/ Univers parallèles

EN CE MOMENT   COVID-19   PRÉSIDENTIELLE AMÉRICAINE   BIÉLORUSSIE   CHARLIE HEBDO   COURRIER EXP

Cosmologie. Des preuves d'un univers parallèle découvertes en Antarctique ?

SCIENCE & TECHNO > RÉVEIL > **NEW SCIENTIST - LONDRES**

Publié le 03/05/2020 - 06:08

Un autre sujet connexe de la physique quantique est la théorie des univers parallèles. Il existe un graphique

dirigé de plusieurs univers qui se ramifient chaque fois que nous prenons une décision, ce qui entraîne des délais différents. Dans lequel de ces univers sommes-nous branchés ? cela peut avoir à voir avec celui qui est le plus optimal - ce qui signifie que ces univers peuvent exister ou non en tant que réalités physiques réelles. L'algorithme Minimax examine les futurs possibles, calculant celui qui est le plus optimal pour un jeu vidéo. Le physicien Fred Alan Wolf explique que les informations de ces futurs possibles nous parviennent dans le présent et que nous envoyons une vague d'offre dans le futur, qui interagit avec les vagues d'offre venant du futur vers le présent. Le futur possible vers lequel nous nous dirigeons dépend des choix que nous faisons et de la façon dont ces deux vagues se superposent ou s'annulent. Les futurs probables envoient des informations au présent et nous choisissons consciemment le chemin à suivre ! Le physicien Thomas Campbell, dans son livre de 2003, *My Big TOE* (Theory of Everything) propose également qu'il y a une fonction fondamentale et que nous sommes essentiels dans un univers informatique qui bifurque les possibilités et utilise une fonction d'évaluation, tout comme un jeu vidéo !

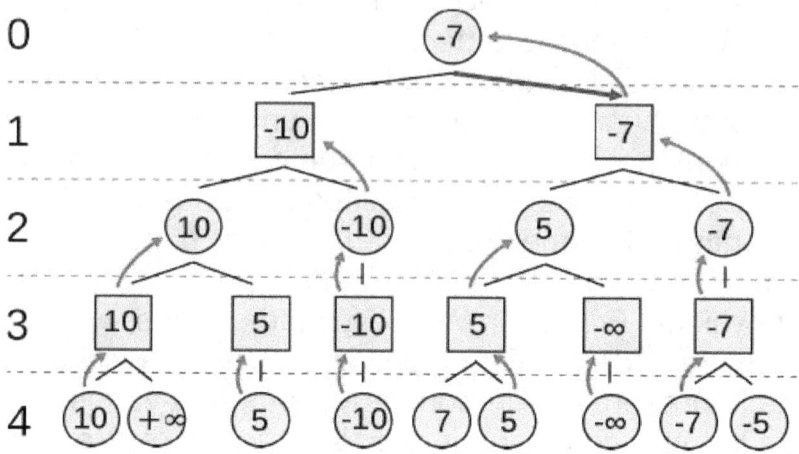

ANITA

En janvier 2020, ANITA (antenne transitoire impulsionnelle Antarctique) a effectué des vols et détecté de nombreux rayons cosmiques. Deux événements indiquent qu'ils venaient du sol. En effet, les signaux détectés provenaient de particules ressemblant à des neutrinos à ultra haute énergie se déplaçant de bas en haut. Mais pour les scientifiques, les rayons cosmiques ne devraient pas faire cela en grand nombre, laissant la source de ces signaux un mystère. Pour la science établie (scientific establishment), une possibilité est que ANITA ait détecté des ondes radio émises par une particule non prise en compte dans le modèle standard. L'équipe affirme que de nouvelles détections de ces signaux étranges sont nécessaires avant de tirer des conclusions définitives sur leur origine.

L'ignorance du vrai modèle cosmologique

Pour le monde entier, il est admis que nous vivons sur un globe et que le soleil se trouve à 150 millions de kilomètres. Or j'ai prouvé depuis 2017 par le biais de nombreux articles et vidéos que la Terre était bien un globe mais que nous ne vivions pas dessus mais à l'intérieur. Le soleil est en fait très proche, à environ 4000 km. C'est ce que l'on appelle la théorie de la Terre concave (et non la Terre creuse qui est un modèle erroné). Dans notre système réel, l'espace est en fait une sphère céleste se trouvant au cœur de la planète.

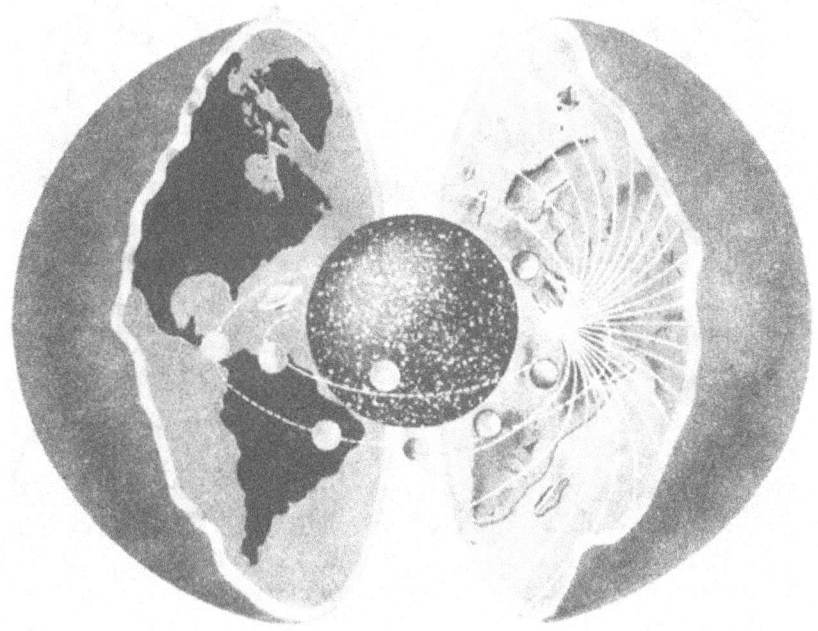

Ainsi notre petit cosmos est en suspension dans l'air grâce entre autres à la force du champ de charge positive. En réalité la Terre est ouverte aux pôles nord et sud. C'est d'ailleurs la raison pour laquelle il existe des aurores boréales à l'hémisphère nord et des aurores australes dans l'hémisphère sud. Il n'est donc pas étonnant que les scientifiques aient trouvé des particules jaillissant du sol de l'Antarctique lors des vols d'ANITA. Peut être même que ces neutrinos viennent de l'extérieur de la Terre.

Le modèle d'une Terre convexe est erroné. C'est de la science fiction soutenue par la NASA qui dissimule la réalité. Leur image est un CGI la plupart du temps

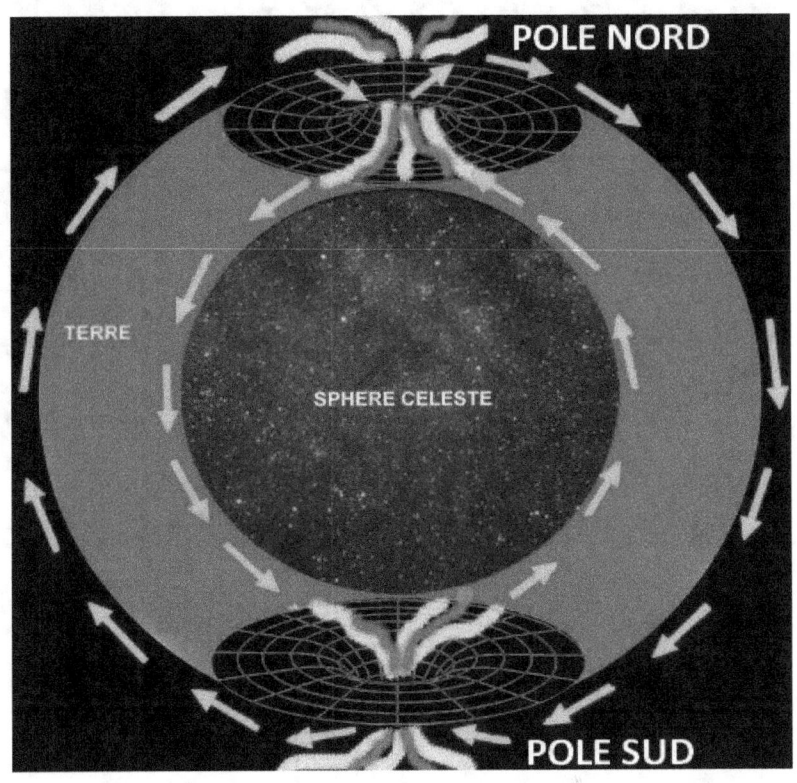

La charge de protons traverse en permanence les pôles pour circuler à l'intérieur de la Terre.

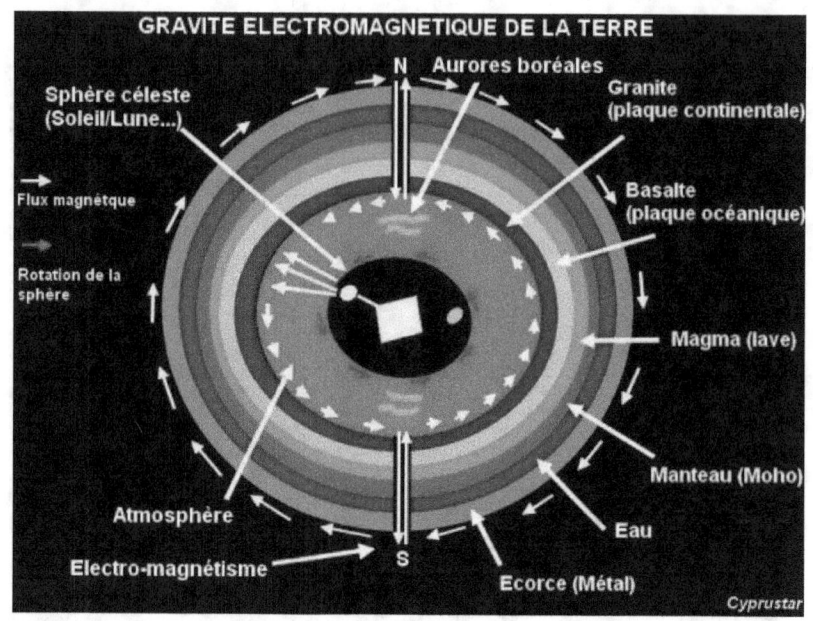

Couches terrestres

9.3/ La réalité objective n'existe pas

Notre cerveau construit mathématiquement la réalité objective en interprétant des fréquences, c'est un hologramme enveloppé dans un univers holographique. Ce sont essentiellement les théories de Bohm et Pribram qui nous ont permis de regarder le monde d'une manière nouvelle.
Ces derniers étaient les principaux partisans de cette grande théorie; ils ont travaillé indépendamment et dans des directions complètement différentes, mais ils sont parvenus aux mêmes conclusions. Les deux scientifiques étaient mécontents des théories standard qui ne pouvaient pas expliquer les divers phénomènes rencontrés en physique quantique et les énigmes liées à la neurophysiologie du cerveau. Une expérience remarquable menée en 1982, par une équipe de recherche dirigée par le physicien Alain Aspect à l'Institut d'Optique Théorique et Appliquée, à Paris, a démontrée que le réseau de particules subatomiques qui compose notre univers physique - le tissu de la

réalité elle-même - possède ce qui semble être une propriété holographique indéniable. Aspect et ses collègues Jean Dalibard et Gérard Roger ont découvert que dans certaines conditions, les particules subatomiques comme les électrons sont capables de communiquer instantanément entre elles quelle que soit la distance qui les sépare. Peu importe qu'ils soient distants de 10 pieds ou 10 milliards de kilomètres. D'une manière ou d'une autre, chaque particule semble toujours savoir joindre l'autre. Le problème de cet exploit est qu'il viole ce que pensait Einstein sur le fait qu'aucune communication ne peut voyager plus vite que la vitesse de la lumière. Étant donné que voyager plus vite que la vitesse de la lumière équivaut à briser la barrière du temps, cette perspective intimidante a poussé certains physiciens à essayer de trouver des moyens élaborés pour expliquer les découvertes d'Aspect. Finalement, il en a inspiré d'autres à offrir des explications encore plus radicales, toutes basées sur l'hypothèse que la réalité objective n'existe pas, que malgré son apparente solidité, l'univers est un hologramme gigantesque et merveilleusement détaillé. Karl Pribram s'est rendu compte que le monde objectif n'existe pas de la manière dont nous le connaissons ou nous le voyons.

Il a affirmé que notre cerveau est capable de construire des objets et David Bohm a même conclu que nous construisons l'espace et le temps.

Il y a un principe fondamental dans cette science mystérieuse, cela s'appelle la superposition quantique qui dit que, tout comme les ondes, deux états quantiques peuvent être ajoutés ensemble et le résultat sera un autre état quantique valide. Vous connaissez le

chat de Schrödinger ? Le chat hypothétique qui est à la fois vivant et mort, donc un chat dans un état de superposition quantique. Cependant, dès qu'un observateur vérifie l'animal, l'état de superposition magique disparaît et un observateur voit un chat mort ou vivant. De nombreuses expériences réelles ont démontré le principe de superposition. La plus connue est une expérience à double fente.
Pour prouver sa nature d'onde, un scientifique a tiré une lumière de longueur d'onde pure à travers une feuille avec deux fentes, alors que la lumière passait à travers les fentes, elle se divisait en deux ondes distinctes. Environ un siècle plus tard, les scientifiques ont fait une expérience assez similaire, mais cette fois-ci, l'expérience comportait un canon à faisceau d'électrons qui tirait des électrons à travers l'appareil à double fente. Si les particules étaient envoyées une par une, cela se traduisait par l'apparition d'une seule particule sur l'écran, comme prévu. Fait remarquable, un motif d'interférence est apparu lorsque ces particules ont pu s'accumuler une par une. L'expérience, qui a ensuite été menée sur des atomes entiers et même des molécules, a montré qu'une particule peut se comporter comme une onde, le phénomène a été appelé dualité onde-particule.
Dès que nous jetons un coup d'œil aux particules, elles cessent de se comporter comme des ondes et deviennent des particules.
En 1961, le physicien Eugène Wigner, lauréat du prix Nobel de physique, décrivit une expérience de pensée mettant en évidence l'un des paradoxes de la mécanique quantique. L'expérience montre comment la nature étrange de l'univers permet à deux observateurs,

disons Wigner et son ami, de vivre des réalités différentes. Dernièrement, des physiciens ont constaté que les progrès récents des technologies quantiques avaient permis de reproduire le test de Wigner dans le cadre d'une expérience réelle.

Massimiliano Proietti de l'Université Heriot-Watt d'Édimbourg et quelques collègues, affirment avoir réalisé cette expérience pour la première fois : ils ont créé et comparé différentes réalités. Leur conclusion est que Wigner avait raison : ces réalités peuvent être rendues inconciliables, de sorte qu'il est impossible de s'entendre sur des faits objectifs concernant une expérience. Les résultats ont été publiés sur le serveur de prépublication arXiv en attendant le processus de *peer-review* (révision par les pairs).

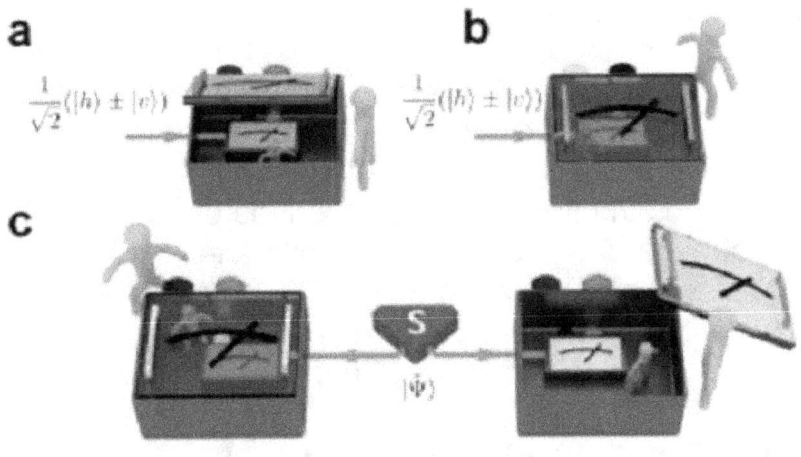

Schéma de l'expérience de Wigner et son ami. a) L'ami de Wigner effectue une mesure sur le système quantique en état de superposition à l'intérieur de la boîte. b) En dehors de la boîte, Wigner décrit son ami et le système quantique associé comme intriqués. c) Version étendue de l'expérience, où un état intriqué est envoyé à deux laboratoires différents, chacun impliquant une expérience et un ami

Wigner peut même effectuer une expérience pour déterminer si cette superposition existe ou non. C'est une sorte d'expérience d'interférence montrant que le photon et la mesure sont bien en superposition. Du point de vue de Wigner, c'est un fait, la superposition existe. Et ce fait suggère qu'une mesure ne peut pas avoir eu lieu. Mais ceci contraste avec le point de vue de l'ami, qui a effectivement mesuré la polarisation du photon et l'a enregistrée. L'ami peut même appeler Wigner et dire que la mesure a été effectuée (à condition que le résultat ne soit pas révélé). Donc, les deux réalités sont en désaccord. *"Cela remet en question le statut objectif des faits établis par les deux observateurs"* déclare Proietti.

Caslav Brukner, de l'Université de Vienne en Autriche, a imaginé un moyen de recréer l'expérience de Wigner en laboratoire au moyen de techniques impliquant l'intrication simultanée de nombreuses particules.

La prouesse que Proietti et ses collègues ont faite est de réaliser cela. *"Dans une expérience à la pointe de la technologie impliquant 6 photons, nous réalisons le scénario imaginé par Wigner"* expliquent les chercheurs.

Schéma de l'expérience Crédits : Massimiliano Proietti 2019

Ils utilisent ces six photons intriqués pour créer deux réalités alternatives : l'une représentant Wigner et l'autre représentant l'ami de Wigner. L'ami de Wigner mesure la polarisation d'un photon et enregistre le résultat. Wigner effectue ensuite une mesure d'interférence pour déterminer si la mesure et le photon sont en superposition. L'expérience produit un résultat sans ambiguïté. Il s'avère que les deux réalités peuvent coexister, même si elles produisent des résultats inconciliables, tout comme l'avait prédit Wigner.

Cela suggère que la réalité objective n'existe pas.

9.4/ L'univers pixelisé

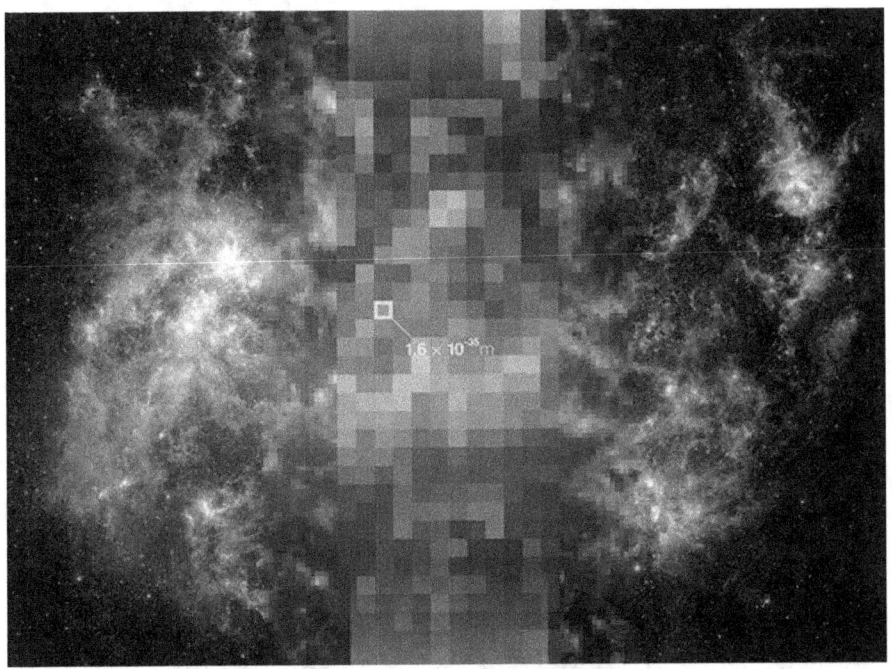

L'aspect le plus fondamental de l'univers ne semble pas être la matière ou l'énergie, mais l'information. Ce sont des éléments fondamentaux qui composent le monde et que les physiciens appellent quarks ne peuvent être divisés en parties plus petites et les combinaisons de ces 12 particules fondamentales composent littéralement chaque morceau de matière que nous pouvons observer. Les quarks sont disponibles en 6 saveurs: haut, bas, haut, bas, étrange et charme et chacun des 6 quarks a également une particule opposée ou anti-quark qui porte le nombre total de quarks possibles à 12. Ces 12 morceaux de matière indivisibles composent l'univers. C'est bizarrement similaire aux pixels d'un jeu vidéo ou d'une image à l'écran qui, observés de près, ne sont que de minuscules boîtes de couleur qui composent un monde virtuel. Les porteurs d'énergie comme les photons, sont également décrits comme des quanta, ce qui signifie que l'énergie est transmise dans de petites poches d'énergie au lieu d'un flux constant.

Il a été démontré que notre univers est pixelisé, et comme il a eu un début, il est également considéré comme fini. Cela signifierait alors que notre univers est programmé. Les quarks et les leptons, constitutifs de la matière, sont incroyablement petits. Même les plus gros quarks ne mesurent qu'environ un attomètre (un milliardième de milliardième de mètre) de diamètre. Mais zoomez plus près - un milliard de fois plus - au-delà des zeptomètres et des yoctomètres, là où les unités sont à court de noms. Continuez ensuite, cent millions de fois plus petit encore, et vous avez finalement touché le fond: c'est la longueur de Planck, environ $1,6 \times 10^{-35}$ mètres, considérée par les physiciens comme la longueur la plus courte possible dans l'univers. Au-delà de ce point, disent-ils, la notion même de distance n'a plus de sens.

L'une des grandes découvertes du 20e siècle a été qu'à petite échelle, de nombreuses propriétés physiques, comme le moment cinétique et l'énergie, ne peuvent prendre que certaines valeurs discrètes, ou quanta.

Énergie sombre pixelisée

Cinq scientifiques ont étudiés la phénoménologie d'une construction de cordes avec une énergie sombre quantique mécaniquement stable. La construction est holographique en ce sens que l'espace-temps 4D est généré à partir de pixels provenant de cinq branes enveloppées sur cinq cycles métastables de la compactification. La constante cosmologique comme $\Lambda \sim 1/N$ dans le nombre de pixels. L'apparition soudaine d'un rayonnement déclenche une augmentation exponentielle du nombre de pixels. L'énergie sombre a une équation d'état variant dans le temps avec $w = -3\Omega m, 0 (1+w0)/2$, qui est compatible avec les limites actuelles, et pourrait être encore limitée par les futures versions de données. La nature pixelisée de l'univers implique également une grande coupure sur le spectre de puissance angulaire des observables cosmologiques.

9.5/ Les bugs dans la matrice

Silas Beane, physicien nucléaire à l'Université de Washington à Seattle, propose que nous puissions être en mesure de dénicher des bugs précédemment négligés en découvrant la structure mathématique utilisée pour construire notre réalité simulée. Il explique que les scientifiques de son domaine utilisent un ensemble de coordonnées en forme de treillis pour simuler le comportement des particules subatomiques. Si notre réalité est construite au-dessus d'un réseau, il y aurait une grossièreté fondamentale, car il ne pourrait y avoir dans notre univers simulé aucun détail plus petit que la résolution de la simulation. Même si la limite de résolution est trop petite pour que nous puissions l'observer directement, on peut la détecter expérimentalement. S.Beane propose qu'un réseau de simulation pourrait affecter le comportement de particules ultra-énergétiques appelées rayons cosmiques, affectant leur orientation et leur intensité maximale.

Des instruments comme le Telescope Array, un énorme réseau de 500 détecteurs dispersés dans le désert de l'Utah, surveillent les rayons cosmiques. Les détecteurs ont déjà découvert des particules jusqu'à 100 quintillions de fois plus énergétiques que la lumière visible. L'équipe de Beane a calculé que la distribution des rayons cosmiques les plus énergétiques devrait présenter une rupture de symétrie. Quelque chose de similaire à une limite de ce type apparaît dans les données expérimentales sur les rayons cosmiques les plus énergétiques confirmant un univers simulé avec des ressources de calcul limitées. Beane continue de croire qu'il reste d'autres possibilités pour les simulés de découvrir les simulateurs !

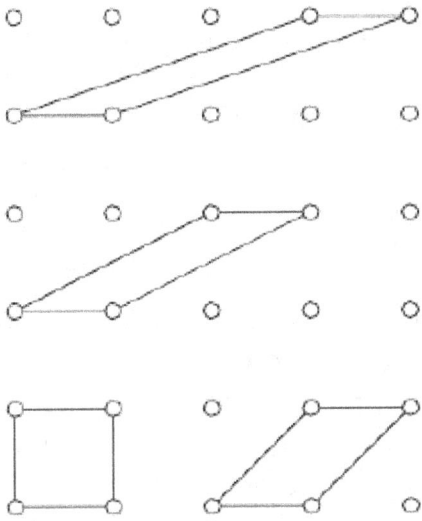

Si nous vivons dans un univers simulé et atteignons le niveau de détail maximum possible dans la simulation, nous pourrions remarquer que les objets auraient des dimensions égales aux multiples exacts de l'espacement minimum possible dans la grille. Il ne serait pas possible d'avoir des objets ou des espaces de dimensions plus petites ou intermédiaires.

L'univers serait donc une grande mousse à mémoire dans laquelle notre intention enregistre ce que nous allons réaliser. Lorsque je décide par exemple de m'asseoir, je donne indirectement l'information à mon corps énergétique pour enregistrer le mouvement dans l'espace-temps sous la forme d'un corps physique. Afin d'assurer la cohérence de la réitération matérielle, l'univers, comme nous, fonctionne principalement par habitude, notre fonctionnement inconscient représentant 96% du calcul cérébral et se basant sur des schémas d'exécution spécifiques à chaque espèce.

Au même titre que notre petit potentiel conscient nous permet d'évoluer et de faire des choix, l'univers aurait aussi une capacité d'apprentissage ; c'est ce qu'on appelle les champs morphogénétiques ou résonance morphique (thèse du Dr Rupert Sheldrake). Par conséquent, nous avons tous les ingrédients pour construire la réalité :

- Un support de réalisation de masse (l'univers holographique) - le corps physique.
- Une résonance morphique qui reproduit les habitudes de la mousse électromagnétique - schémas moteurs et réflexes.
- Un pouvoir d'intention qui permet l'enregistrement du mouvement dans l'espace-temps - le fonctionnement volontaire et la conscience physique de notre corps.

9.6/ L'univers n'est pas réel

L'un des grands mystères de la physique moderne est la raison pour laquelle l'antimatière n'a pas détruit l'univers au début des temps. Les physiciens supposent qu'il doit y avoir une différence entre la matière et l'antimatière en dehors de la charge électrique. Les physiciens du CERN en Suisse ont fait la mesure la plus précise jamais réalisée du moment magnétique d'un anti-proton et ont constaté qu'il était exactement le même que celui du proton mais avec le signe opposé. *"Toutes nos observations trouvent une symétrie complète entre la matière et l'antimatière, c'est pourquoi l'univers ne devrait pas réellement exister"*, déclare Christian Smorra, physicien à la collaboration Baryon-Antibaryon Symmetry Experiment (BASE) du CERN. *"Une asymétrie doit exister quelque part ici, mais nous ne comprenons tout simplement pas où se situe la différence."* L'antimatière est notoirement instable et tout contact avec de la matière régulière devrait l'annihiler dans une explosion d'énergie pure. Le modèle standard prédit que le Big Bang aurait dû produire des quantités égales de matière et d'antimatière mais c'est un mélange comburant qui se serait anéanti, ne laissant rien derrière pour faire des galaxies, des planètes ou des personnes.

L'année dernière, des scientifiques de l'expérience ALPHA (Antihydrogen Laser PHysics Apparatus) du CERN ont sondé pour la première fois un atome d'anti-hydrogène avec de la lumière, ne trouvant encore aucune différence par rapport à un atome d'hydrogène. Mais une propriété n'était connue qu'avec une précision moyenne par rapport aux autres - le moment magnétique de l'antiproton. Il y a dix ans, Stefan Ulmer et son équipe chez BASE collaboration se sont donné pour mission d'essayer de le mesurer.

Ils ont d'abord dû développer un moyen de mesurer directement le moment magnétique du proton régulier. Ils l'ont fait en piégeant des protons individuels dans un champ magnétique et en provoquant des sauts quantiques dans son spin à l'aide d'un autre champ magnétique. Ensuite, ils ont dû effectuer la même mesure sur les antiprotons.

Pour ce faire, l'équipe a utilisé l'antimatière la plus froide et la plus durable jamais créée. Après avoir créé les antiprotons en 2015, l'équipe a pu les stocker pendant plus d'un an dans une chambre spéciale de la taille et de la forme d'une boîte de Pringles. Puisque aucun conteneur physique ne peut contenir de l'antimatière, les physiciens utilisent des champs magnétiques et électriques pour contenir le matériau dans des dispositifs appelés pièges Penning. En utilisant une combinaison de deux pièges, l'équipe BASE a créé la chambre à antimatière la plus parfaite jamais conçue - retenant les antiprotons pendant 405 jours. Ce stockage stable leur a permis d'effectuer leur mesure du moment magnétique sur les antiprotons. Le résultat a donné une valeur pour le moment magnétique antiprotons de -2,7928473441 µ N. (µ N est une constante appelée le magnéton nucléaire.) Mis à part le signe moins, c'est identique à la mesure précédente pour le proton.

La nouvelle mesure est précise à neuf chiffres significatifs, l'équivalent de la mesure de la circonférence de la Terre à quelques centimètres près, et 350 fois plus précise que n'importe quelle mesure précédente.

9.7/ L'espace temps contient un code de correction d'erreur

Dans la théorie du principe holographique, l'univers, le tissu de l'espace et du temps émerge d'un réseau de particules quantiques. Les physiciens ont découvert que cela fonctionne selon un principe appelé correction d'erreur quantique.

Le physicien théoricien Dr.James Gates, qui travaille sur la théorie des cordes depuis de nombreuses années, semble avoir découvert dans la théorie des cordes, un code informatique actuellement utilisé dans la technologie des moteurs de recherche informatiques ! Ce code, connu sous le nom de Block Linear Self Dual Error Correcting Code, est essentiel au transfert fluide du langage informatique et des données. Il examine le code envoyé, puis le compare et le mesure par rapport à ce qui a été envoyé puis effectue les ajustements nécessaires pour que les informations sortantes soient correctes. Le Dr James Gates, Jr., professeur de physique à l'Université du Maryland, a obtenu son doctorat au MIT et sa thèse sur la supersymétrie a été la première jamais réalisée au MIT. Il a été élu à la National Academy of Sciences en 2013. Sa découverte donne une crédibilité sérieuse à l'hypothèse de l'univers simulé.

10/ La fascinante similitude entre le réseau neuronal et la matière noire

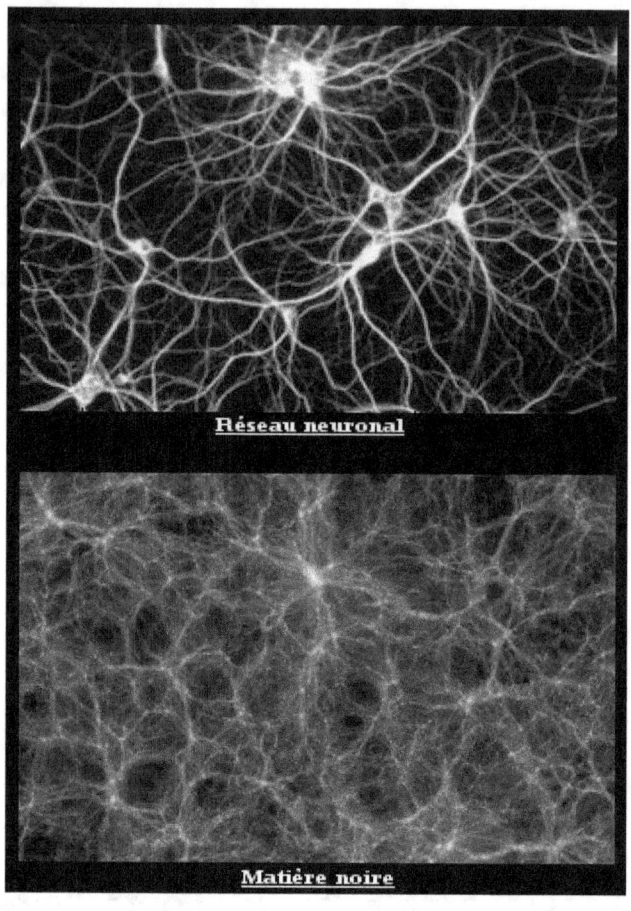

Christof Koch, un chercheur de premier plan sur le sujet de la conscience et du cerveau humain, dit que ce dernier est l'objet le plus complexe de l'univers connu. En effet, avec cent milliards de neurones et cent mille milliards de connexions, le cerveau est un objet d'une complexité vertigineuse.

Mais il y a beaucoup d'autres objets compliqués dans l'univers comme par exemple les galaxies qui peuvent se regrouper en amas, super-agrégats et filaments. La frontière entre ces structures et les étendues voisines d'espace vide appelées vides cosmiques peut être extrêmement sophistiqué.

Un astrophysicien et un neuro-scientifique ont uni nos forces pour comparer la complexité des réseaux de galaxies et des réseaux neuronaux de manière quantitative. Les premiers résultats de leurs recherches sont vraiment surprenants : les complexités du cerveau et du réseau cosmique sont réellement similaires, mais leurs structures le sont aussi. L'univers peut être auto-similaire sur des échelles dont la taille diffère d'un facteur d'un milliard de milliards de milliards. Si la toile cosmique est au moins aussi complexe que n'importe laquelle de ses parties constitutives, les chercheurs pourraient conclure naïvement qu'elle doit être au moins aussi complexe que le cerveau.

Le nombre total de neurones dans le cerveau humain se situe dans le même sens que le nombre de galaxies dans l'univers observable. Mais le concept d'émergence rend la comparaison possible. De nombreux phénomènes naturels ne sont pas également complexes à toutes les échelles. À des échelles plus petites, avec de la matière enfermée dans des étoiles et des nuages de matière noire, cette structure est perdue. L'univers contient de nombreux systèmes imbriqués dans d'autres avec peu ou pas d'interaction à différentes échelles. Cette ségrégation à l'échelle permet d'étudier les phénomènes physiques tels qu'ils émergent à leurs propres échelles naturelles. La matière ordinaire et la matière noire se condensent en filaments semblables à des cordes, et des amas de galaxies se forment aux intersections des filaments, laissant la majeure partie du volume restant pratiquement vide. La matière grise corticale représentant plus de 80% de la masse cérébrale contient environ 6 milliards de neurones (19% des neurones cérébraux) et près de 9 milliards de cellules non neuronales.

Le cervelet compte environ 69 milliards de neurones (80,2% des neurones cérébraux) et environ 16 milliards de cellules non neuronales.
Il est intéressant de noter que le nombre total de neurones dans le cerveau humain se situe dans le même sens que le nombre de galaxies dans l'univers observable. Dans la figure ci-dessous, on observe une distribution simulée de la matière cosmique dans une tranche de 1 milliard d'années-lumière de diamètre (système établi), avec une image réelle d'une tranche de 4 micromètres (µm) d'épaisseur à travers le cervelet humain. La similitude apparente est-elle simplement la tendance humaine à percevoir des modèles significatifs dans des données aléatoires ? Non, l'analyse statistique montre que ces systèmes présentent effectivement des similitudes quantitatives. Les chercheurs utilisent régulièrement une technique appelée analyse du spectre de puissance pour étudier la distribution à grande échelle des galaxies. Le spectre de puissance d'une image mesure la force des fluctuations structurelles appartenant à une échelle spatiale spécifique et nous indique combien de notes haute et basse fréquence composent la mélodie spatiale particulière de chaque image.

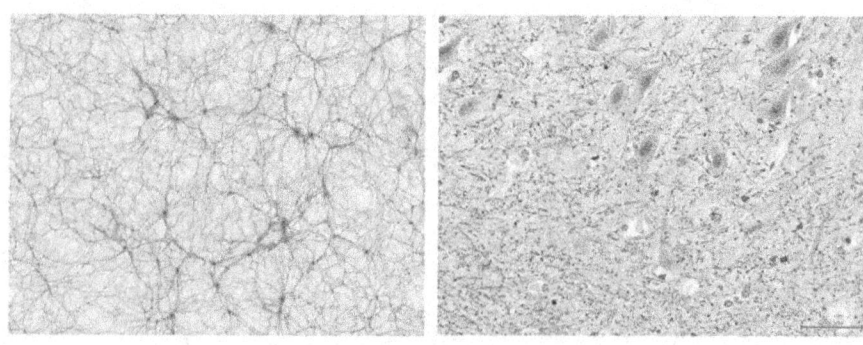

Un message étonnant se dégage du graphique du spectre de puissance de la figure ci-dessus : La distribution relative des fluctuations dans les deux réseaux est remarquablement similaire, sur plusieurs ordres de grandeur. La distribution des fluctuations du cervelet à des échelles de 0,1 à 1 mm rappelle la distribution des galaxies sur des centaines de milliards d'années-lumière (modèle cosmologique établi). Aux plus petites échelles disponibles pour l'observation microscopique (environ 10 µm), c'est la morphologie du cortex qui correspond le plus à celle des galaxies.

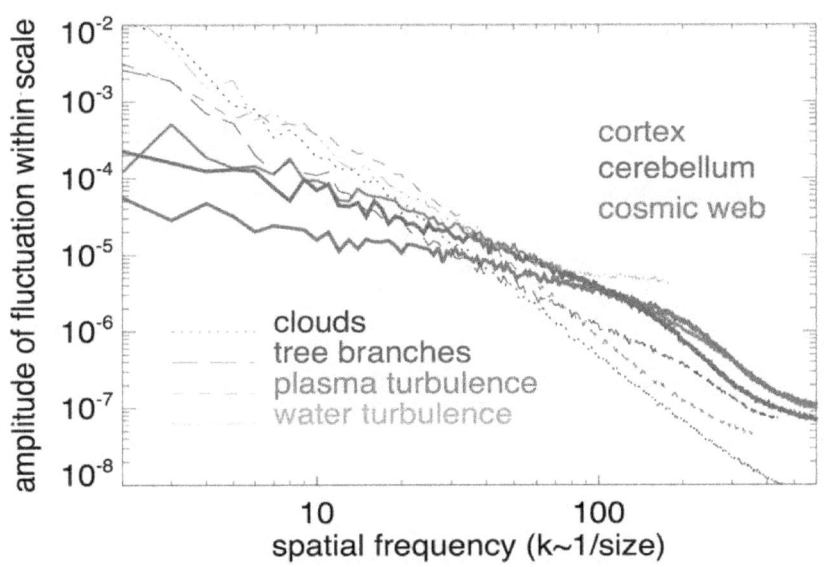

Répartition des fluctuations en fonction de l'échelle spatiale pour les mêmes cartes de la 1ere figure. À titre de comparaison, la densité spectrale de puissance des nuages, des branches d'arbres et de la turbulence du plasma et de l'eau est aussi indiquée

Sur la base de la dernière analyse de la connectivité du réseau cérébral, des études indépendantes ont conclu que la capacité de mémoire totale du cerveau humain adulte devrait être d'environ 2,5 pétaoctets, non loin de la plage de 1 à 10 pétaoctets estimée pour le web cosmique !

Cette similitude de capacité de mémoire signifie que tout le corps d'informations stocké dans un cerveau humain peut également être codé dans la distribution des galaxies dans notre univers, ou, au contraire, qu'un dispositif informatique doté de la capacité de mémoire du cerveau humain peut reproduire la complexité affichée par l'univers à ses plus grandes échelles.

11/ La conscience et le cerveau

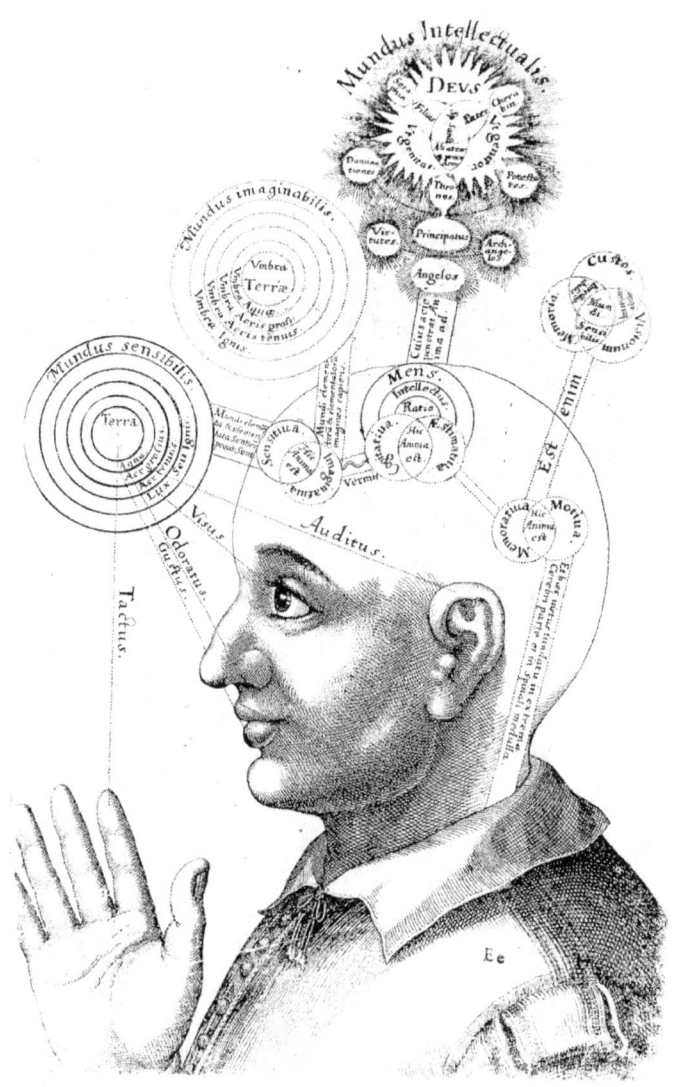

11.1/ Le cerveau

Le cerveau c'est :

CPU : processeur multimodal double cœur avec unité de traitement graphique (GPU) et moniteur intégrés

Système neuronal : 100 milliards de neurones avec 100 billions de synapses

Mémoire : 250 millions de gigaoctets - environ 400 durées de vie de flux vidéo

Résolution d'affichage œil : 576 mégapixels, environ 24K

Vitesse de trame : ~ 150 images par seconde

Fréquence d'horloge : <1 kHz

Consommation électrique : ~ 20 watts

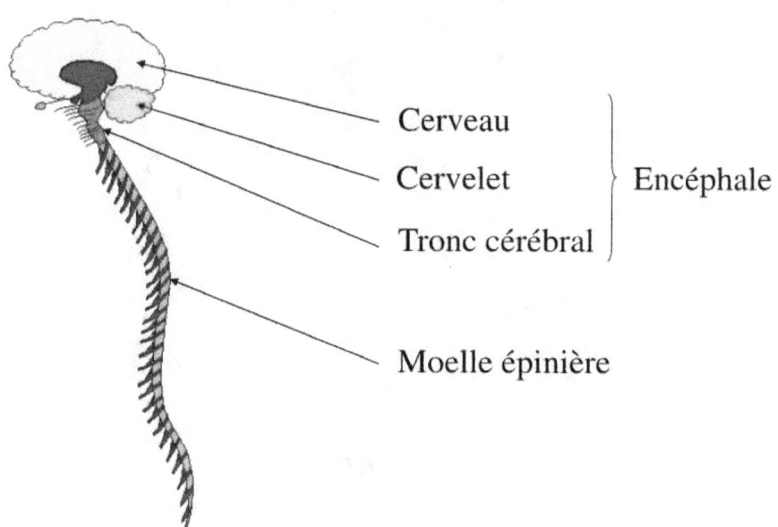

En remontant le système nerveux central, il y a le tronc cérébral qui relie la moelle épinière au thalamus, connectant le corps au cerveau pour le traitement des données et le contrôle de la rétroaction. Le tronc cérébral est également responsable de la régulation de plusieurs fonctions autonomes, contrôlant la fréquence cardiaque, la pression artérielle, la respiration, la déglutition et la vigilance. Le cervelet, lui, est suspendu à l'arrière du tronc cérébral, qui est une structure plutôt intrigante. Sa fonction principale semble être le contrôle moteur de précision qui englobe un large éventail d'applications, comme les articulations du pouce et les mouvements de la mandibule. Si le cervelet n'initie pas le mouvement, il contribue à la coordination, à la précision et au timing précis de celui-ci. C'est le responsable de l'apprentissage moteur, de l'adaptation et de la mise au point de ses programmes grâce à un processus d'essais et d'erreurs. Le cervelet est constitué d'un grand nombre de modules plus ou moins indépendants, tous avec la même structure interne géométriquement régulière, effectuant le même calcul. Le système nerveux nécessitant une réponse rapide et claire à l'entrée, le cervelet est capable de réduire le bruit en éliminant la possibilité de rétroaction créée par des connexions neuronales récurrentes. Des études ont montré que le cervelet est également activé pendant les tâches de langage, d'attention et d'imagerie mentale. En appuyant vers l'intérieur, ce que le cervelet fait au mouvement, il le fait aussi à l'intellect, à la personnalité et au traitement émotionnel. Il est donc le centre de l'équilibre, notre cerveau reptilien. L'hypothalamus relie le système nerveux au système endocrinien et l'hypophyse est essentiellement une usine d'hormones sous son contrôle, régulant le métabolisme, la croissance, la reproduction, le sommeil, l'humeur…

Quant au thalamus, c'est la station relais des données sensorielles et motrices. Il pré-traite les données en les transformant et en les intégrant, pour les envoyer aux régions corticales appropriées pour un calcul ultérieur. Le thalamus est donc le gardien de la connaissance. Avec l'aide de la glande pinéale, il régule également les états de sommeil et de conscience de veille. Lorsque les données sont transmises entre le thalamus et le néocortex pour la cognition, elles voyagent également à travers le système limbique, dont les principales fonctions sont la motivation, l'émotion, l'apprentissage et la mémoire. Il effectue un traitement émotionnel d'ordre inférieur des entrées des systèmes sensoriels, et c'est le siège de nos vies émotionnelles. L'amygdale, elle, s'occupe du traitement de la mémoire, de la prise de décision et des réponses émotionnelles comme la peur, l'anxiété et l'agression. Des stimuli plus excitants augmentent l'activité de l'amygdale, et le niveau de cette activité est corrélé à la rétention de la mémoire. L'hippocampe est principalement responsable de la consolidation de la mémoire, du transfert du contenu de la mémoire à court terme et de travail vers le stockage à long terme. Il remplit également la fonction de mémoire spatiale qui nous permet de nous repérer.

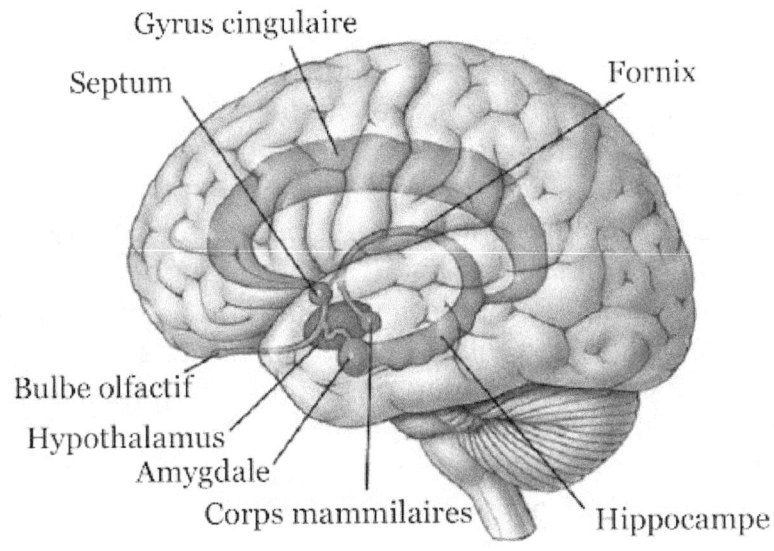

Le système limbique fournit un algorithme d'apprentissage par renforcement émotionnel. C'est une carte mentale du monde holographique avec une boucle de rétroaction pour nos actions, médiatisée comme elles le sont par les sentiments, colorant ainsi les souvenirs que nous stockons et récupérons.

Le néocortex est responsable des fonctions cérébrales d'ordre supérieur comme la perception sensorielle, la cognition, la génération de commandes motrices, le raisonnement spatial et le langage. Il distribue le traitement parallèle de la perception, de la pensée et de l'action dans des modules séparés appelés lobes, chacun responsable d'une dimension particulière de l'expérience.

Il y a 4 lobes du cerveau : occipital, temporal, pariétal et frontal

Le lobe occipital est le centre de traitement visuel du cerveau. Il déconstruit le signal visuel du monde en parties et le projette à travers le prisme de la concentration et de l'attention. Il crée notre perception de l'espace tridimensionnel. Le lobe temporal est la région où la compréhension du son, du langage et de la parole est traitée. Le lobe pariétal joue un rôle important dans l'intégration des informations sensorielles du corps, avec la connaissance des nombres et de leurs relations, et dans la manipulation des objets. C'est la zone principale de la conscience corporelle et spatiale. Elle détient le pouvoir d'association.

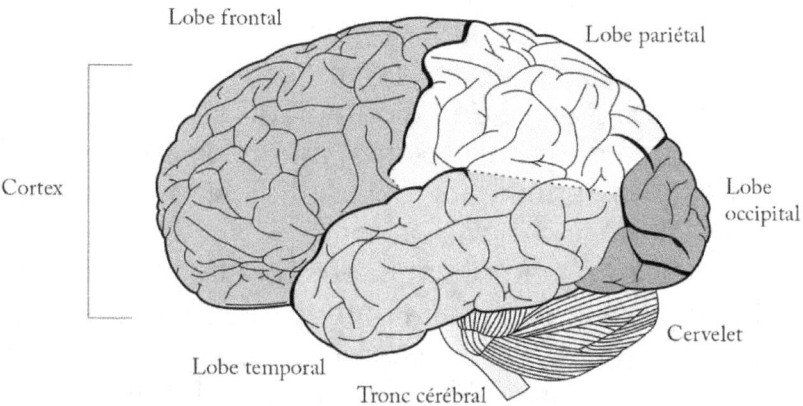

Le cortex somato-sensoriel est une région du lobe pariétal qui reçoit et traite les entrées sensorielles de tout le corps. Enfin, le cortex moteur, une partie du lobe frontal, gère la planification, le contrôle et l'exécution des mouvements volontaires. Le lobe frontal est la

partie du cerveau qui contrôle les compétences cognitives importantes telles que l'expression émotionnelle, la résolution de problèmes, la mémoire, le langage, le jugement et les comportements sexuels. C'est le panneau de contrôle de la personnalité et de notre capacité à communiquer. Le lobe frontal est considéré comme le siège de la conscience de soi. Chaque couche se compose d'une distribution caractéristique de neurones et de connexions à d'autres régions corticales et sous-corticales, y compris le thalamus. Chacun des lobes du cerveau est constitué de colonnes de cellules nerveuses réparties en couches et ces appels nerveux spécialisés sont
des neurones. La matière blanche contient peu de corps cellulaires et se compose principalement d'axones à longue portée. La matière grise, en revanche, contient un grand nombre de corps cellulaires neuronaux mais peu d'axones. Les cellules gliales sont des cellules non neuronales du système nerveux central,
ce qui signifie qu'elles ne produisent pas d'impulsions électrique, mais jouent un rôle important dans le maintien de l'homéostasie en apportant une protection aux neurones. Les cellules gliales sont essentielles au fonctionnement des neurotransmetteurs.
La matière grise et les cellules gliales, prises ensemble, sont de la matière noire neurale, la grille bio-chimique sous-jacente supportant l'oscillation électrique dans le cerveau, interagissant faiblement avec les neurones de la substance blanche.

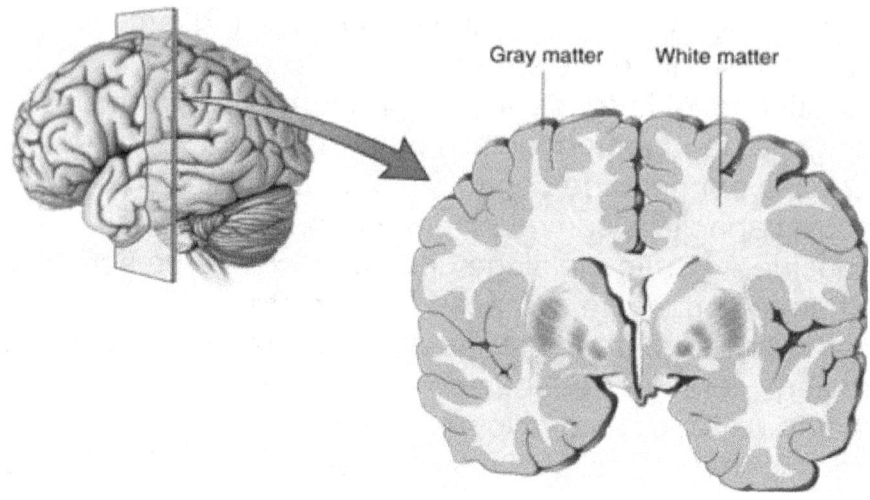

Le claustrum est une fine surface bilatérale qui relie les régions corticales au thalamus. C'est la structure la plus densément connectée dans le cerveau permettant l'intégration de diverses entrées corticales (couleur, son et toucher) dans une expérience plutôt que des événements singuliers.
Et en raison de sa localisation profondément à l'intérieur du cerveau, l'étude du claustrum reste difficile.

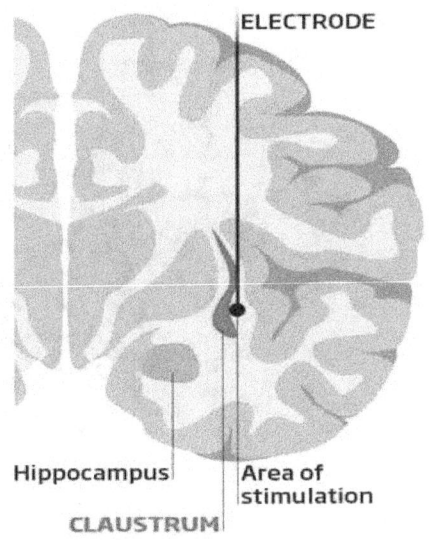

Hippocampus   Area of stimulation
CLAUSTRUM

Cependant les scientifiques pensent qu'il joue un rôle clé dans la conscience et l'attention. Puis au centre du cerveau, lui fournissant des nutriments et éliminant ses toxines, on trouve les ventricules. C'est un espace sombre rempli de liquide céphalo-rachidien (LCR) essentiel à toutes les fonctions cérébrales. Quand nous dormons, le cerveau rince les ventricules avec du LCR et élimine les toxines, fournissant au cerveau de nouvelles ressources et le préparant à une autre vague de sensorium au réveil.

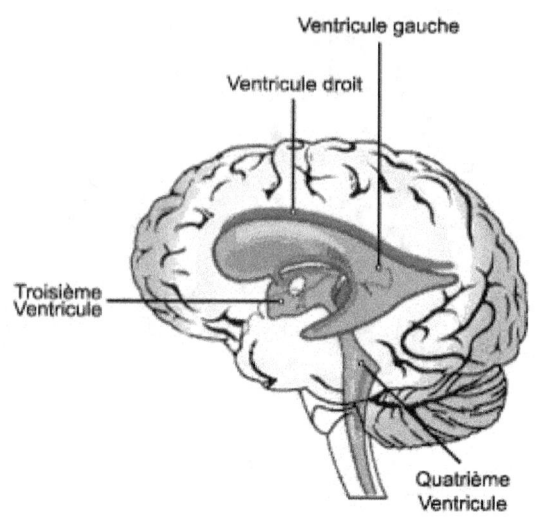

Sur un temps très long, rester éveillé est très toxique. Quand un neurone se déclenche, un potentiel d'action se déplace le long de son axone jusqu'aux fentes synaptiques, où il forme une jonction avec les dendrites d'autres neurones. Le potentiel d'action provoque la libération de neurotransmetteurs qui se fixent aux récepteurs sur le neurone post-synaptique, ouvrant les portes au passage des ions chargés électriquement, et créant un autre potentiel d'action qui se propage le long de l'axone. Les potentiels d'action peuvent être assez puissants si l'on dispose de suffisamment de temps pour que des structures intéressantes évoluent pour leur transmission. Seuls les organismes les plus adaptés à leur environnement sont capables de s'adapter suffisamment pour assurer leur survie et leur prospérité. En tant que tels, ils sont le catalyseur du calcul neuronal , un processus aboutissant parfois à la formation d'une pensée. En contrôlant le flux d'informations dans le cerveau avec de petits paquets de données, les neurotransmetteurs optimisent l'expérience. Une fois que le cerveau est démarré, les informations circulent dans le système nerveux dans des boucles de rétroaction en traitant les données sensorielles et calculant une réponse à celles-ci.

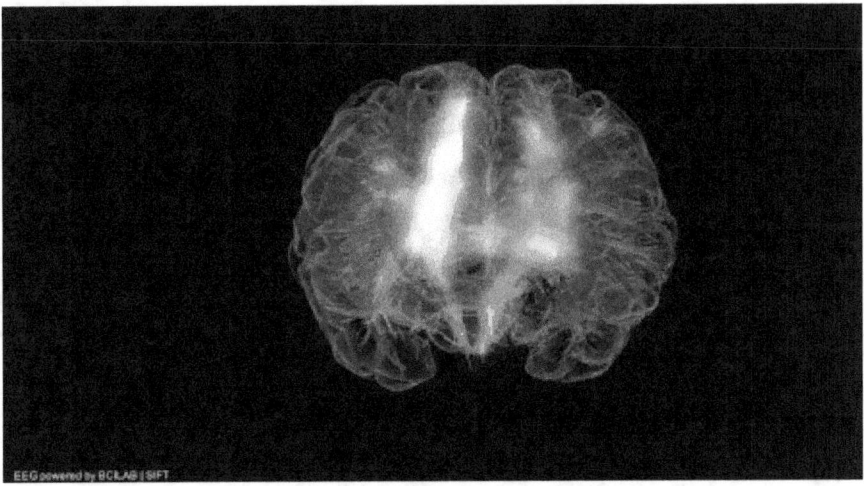

D'un point de vue électromagnétique, nous pouvons visualiser cela comme des ondes d'oscillation neuronale, réparties sur plusieurs bandes de fréquences, calculant différents modes de conscience, c'est-à-dire différentes descriptions des mêmes phénomènes.

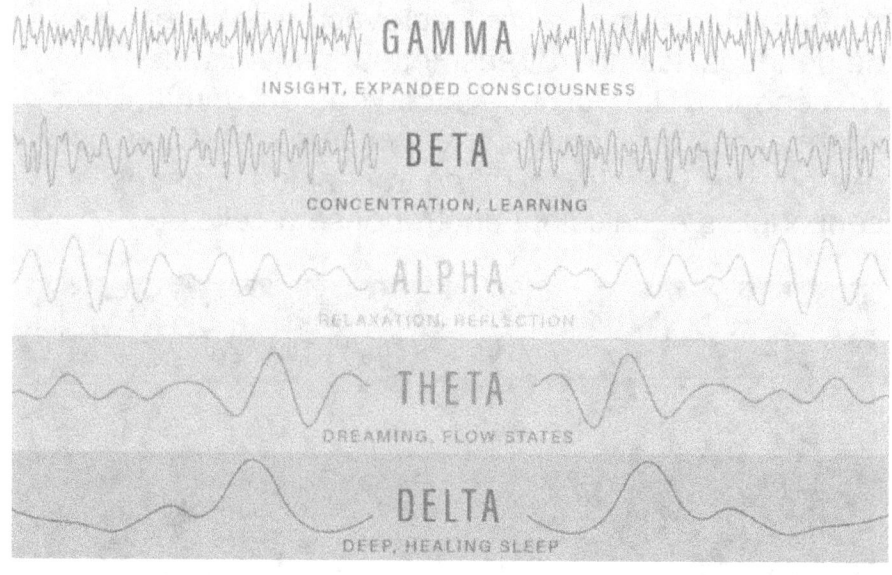

Le code de la conscience est porté sur 6 bandes de fréquences :

Epsilon (90+ Hz)
Modulation de la réalité et contrôle du gain

Gamma (30 à 90 Hz)
Fonction cognitive et contrôle moteur plus élevés

Bêta (13 à 30 Hz)
État de veille normal, concentration, sens physiques

Alpha (8 à 12 Hz)
Détendu, méditation légère, créatif, apprenant, conscient

Thêta (4–8 Hz)

Sommeil léger, médiation profonde, créativité, intuition, rappel, fantaisie

Une caractéristique fondamentale de l'activité cérébrale spontanée réside dans des oscillations cohérentes couvrant une large gamme de fréquences. Ces oscillations temporelles sont fortement corrélées entre les zones corticales spatialement distribuées formant des modèles de corrélation structurés connus sous le nom de réseaux d'état de repos, même si le cerveau ne se repose jamais vraiment.

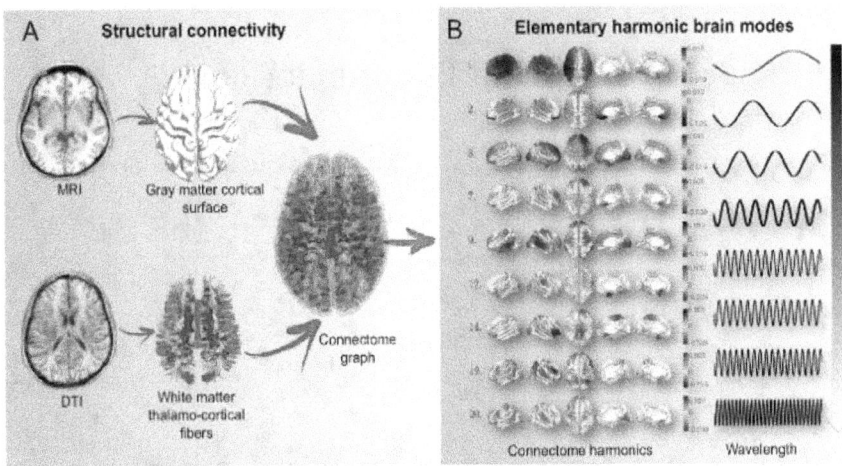

La structure du cerveau donne naturellement naissance à des grappes distribuées de neurones qui résonnent et se déclenchent ensemble en fonction de la fréquence d'oscillation. Fournir ainsi des cibles pour un calcul distribué, multidimensionnel et en temps réel. Chaque hémisphère contrôle l'autre moitié du corps et chacun d'eux a un point de vue distinct. L'hémisphère gauche analyse les choses, gère la logique et le langage, l'hémisphère droit se préoccupe de la sensation des choses et de la créativité. Et reliant les deux hémisphères se trouve le corps calleux, un tractus nerveux large et épais, constitué d'un faisceau plat de fibres, sous le cortex cérébral dans le cerveau. La fonction du corpus callosum est peut-être mieux illustrée lorsque l'on considère son absence. Une fois le cerveau droit et gauche séparés, chaque hémisphère aura sa propre perception, ses propres concepts et ses propres impulsions pour agir. Le chevauchement des perspectives dans notre cerveau, les modèles d'interférence de différents points de vue, créent l'expérience de la profondeur.

11.2/ Où est la conscience ?

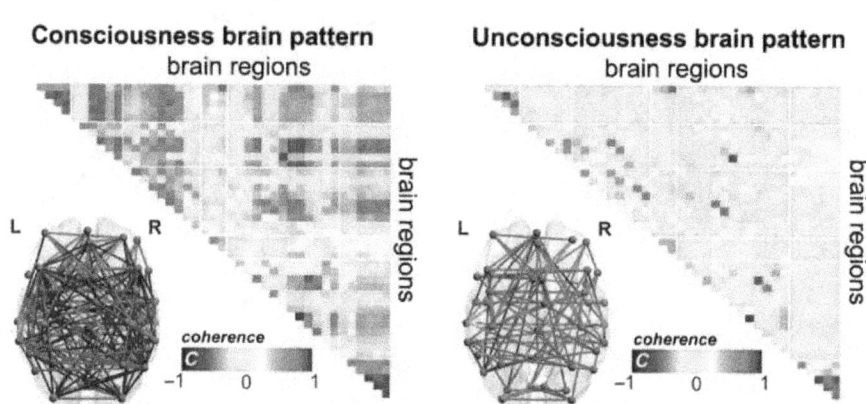

La différence entre l'activité cérébrale d'un cerveau conscient (gauche) et un cerveau inconscient (droite). © E. Tagliazucchi & A. Demertzi

Où placer la conscience dans cet ensemble inextricable de circuits interconnectés du cerveau ? Les scientifiques, qui espéraient localiser et circonscrire sa source, savent désormais que cette quête n'a pas de sens. Plutôt que de tenter d'élucider directement le problème, les chercheurs en neurosciences cognitives préfèrent découvrir les événements cérébraux qui accompagnent la conscience. Ils observent ce qui se passe dans le cerveau lors d'une expérience consciente particulière, le comparent à des situations non conscientes, et déterminent quelles sont les différences au niveau des processus neuronaux. Ils peuvent ainsi dresser des ponts entre états subjectifs (ressentis) et états mentaux (états physiques, mesurables et observables). Les premiers résultats ont montrés que la conscience n'est pas localisable, mais qu'en plus elle se révèle presque inutile à nos activités cérébrales ! La majeure partie des données visuelles, auditives, et tactiles est traitée par le cerveau sans même qu'il s'en rende compte. Au début des années 80, le psychologue anglais Anthony Marcel a mis en évidence que l'on peut avoir compris le sens d'un mot sans même avoir eu conscience de l'avoir vu !

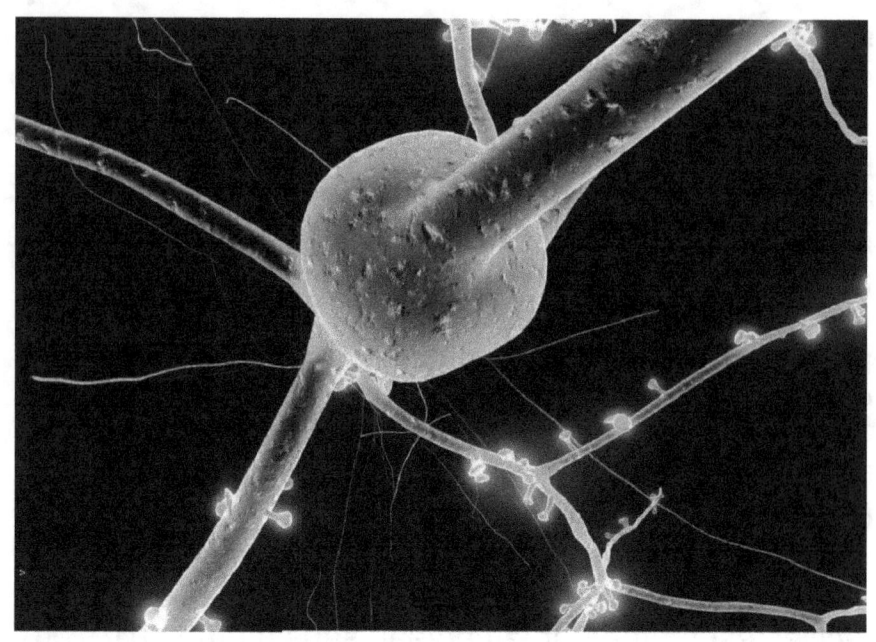

Individuellement, des cellules comme les neurones sont dépourvues "d'esprit". Pourtant, leur assemblage fait émerger la conscience.

Ainsi donc tombe le rideau sur cette vision simpliste qui assimile notre conscience à un endroit dans notre cerveau où seraient collectées les informations et à partir duquel des décisions seraient prises.

La conscience lors du rêve lucide

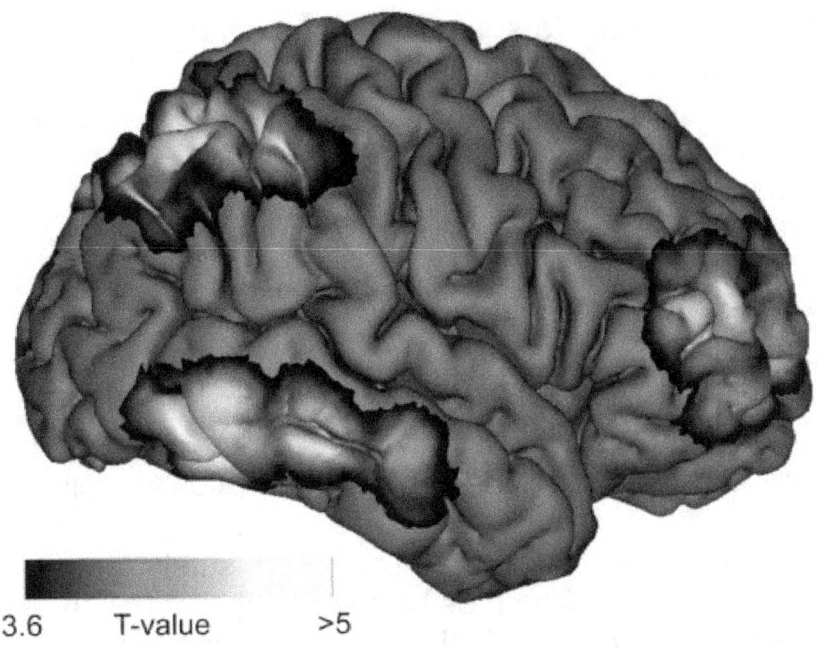

Les zones spécifiques du cerveau sont activées plus fortement pendant le rêve lucide que dans dans un rêve normal

Des neuro-scientifiques de l'institut Max Planck de Munich et des sciences cognitives humaines et du cerveau à Leipzig et de la Charité à Berlin
ont identifié un réseau cortical spécifique associé à la conscience de soi.
Ils ont utilisé l'imagerie cérébrale EEG et IRMf pour étudier les rêveurs lucides, qui ont accès à leurs souvenirs pendant le rêve et sont conscients d'eux-mêmes, tout en restant dans un état de rêve et sans se réveiller.
Les chercheurs ont trouvé des activations neuronales dans un réseau spécifique qui est normalement

désactivé pendant le sommeil paradoxal, comprenant ces zones :
•Cortex préfrontal dorsolatéral (associé à une évaluation métacognitive auto-focalisée)
•Cortex préfrontal dorsolatéral en association avec des lobules pariétaux (peut refléter des demandes de mémoire de travail)
•Aires frontopolaires bilatérales (liées au traitement des états internes, par exemple, l'évaluation de ses propres pensées et sentiments)
•Précuneus (impliqué dans le traitement autoréférentiel, tel que la perspective à la première personne)
•Cuneus bilatéral et cortex occipitotemporal (actifs dans la conscience consciente dans la perception visuelle)

L'étude était limitée à seulement quatre sujets qui étaient des rêveurs lucides hautement qualifiés. Un seul d'entre eux est devenu lucide deux fois dans des conditions EEG / IRMf simultanées, faisant de nos données une étude de cas." Les chercheurs ont également indiqué qu'une partie de l'activation observée peut provenir de la tâche de signalisation oculaire et de serrement de la main effectuée pendant le processus de rêve lucide.

11.3/ La conscience sous LSD

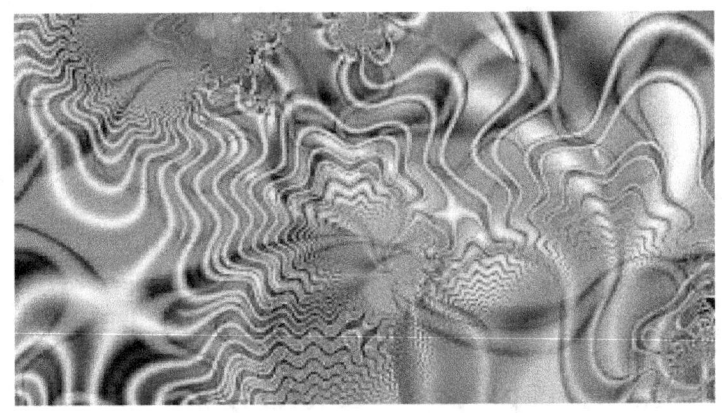

Des scientifiques ont observé une augmentation soutenue de la diversité des signaux neuronaux, une mesure de la complexité de l'activité cérébrale, des personnes sous l'influence de drogues psychédéliques, par rapport au moment où elles étaient dans un état de veille. Il a été démontré que les personnes qui sont éveillées ont une activité neuronale plus diversifiée en utilisant cette échelle que celles qui sont endormies. Cependant, il s'agit de la première étude à montrer une diversité des signaux cérébraux supérieure à la valeur de base, plus élevée que chez quelqu'un qui est simplement éveillé et conscient. Des études antérieures ont eu tendance à se concentrer sur des états de conscience abaissés, tels que le sommeil, l'anesthésie ou l'état dit végétatif.

Le professeur Anil Seth, codirecteur du Sackler Center for Consciousness Science à l'Université du Sussex, a déclaré : *"Cette découverte montre que le cerveau sur les psychédéliques se comporte très différemment de la normale. Au cours de l'état psychédélique, l'activité électrique du cerveau est moins prévisible que pendant l'état de veille conscient normal - tel que mesuré par la diversité globale du signal"*.

Pour l'étude, Michael Schartner, Adam Barrett et le professeur Seth du Sackler Center ont ré-analysé des données précédemment collectées par l'Imperial College de Londres et l'Université de Cardiff dans lesquelles des volontaires en bonne santé ont reçu l'un des trois médicaments connus pour induire un état psychédélique: la psilocybine, kétamine et LSD. À l'aide de la technologie d'imagerie cérébrale, ils ont mesuré les minuscules champs magnétiques produits dans le cerveau et ont constaté que, pour les trois médicaments, cette mesure du niveau conscient était plus élevée de manière fiable. Les résultats pourraient aider à éclairer les discussions qui prennent de l'ampleur sur l'utilisation médicale soigneusement contrôlée de ces médicaments, par exemple dans le traitement de la dépression sévère. En plus d'aider à informer les applications médicales possibles, l'étude ajoute à une compréhension scientifique croissante de la façon dont le niveau de conscience et le contenu conscient sont liés l'un à l'autre.

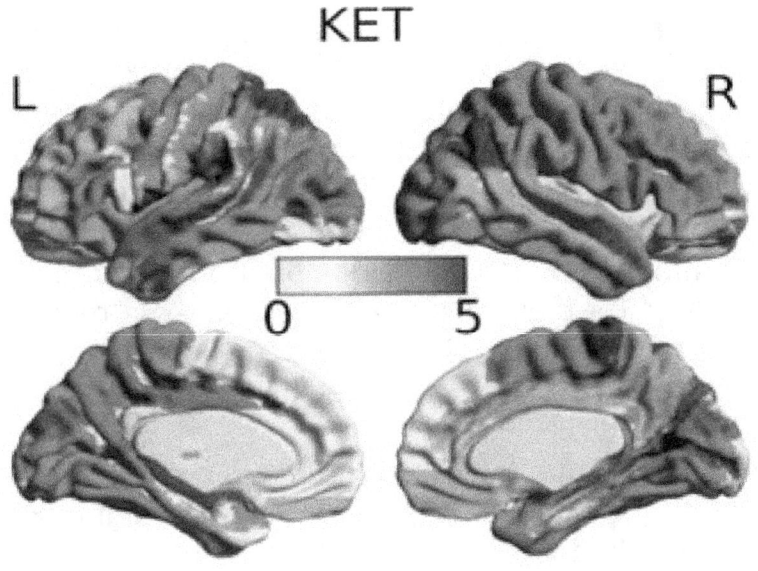

Le cerveau sous drogues psychédéliques, étamine ou psilocybine, a un niveau d'activité neuronale plus élevé (rouge) qu'à l'état normal

Sérotonine 5HT2A

DMT   Serotonin

Dans des circonstances normales, les niveaux de sérotonine (et probablement de DMT(diméthyltryptamine)) dans le cerveau sont

précisément réglés pour réduire la fonction d'onde de l'hologramme dans ce que nous voyons autour de nous, équilibrant les besoins de survie contre ceux de l'imagination. Avec l'apport de molécules psychédéliques - agonistes des sous-récepteurs de la sérotonine 5HT2A - nous sommes soumis à une augmentation spectaculaire des tirs neuraux dans tout le cerveau. De plus, ils aident à empêcher la recapture de la sérotonine une fois qu'elle a été sécrétée, ce qui augmente encore le taux de déclenchement des neurones.
Fondamentalement, nous inondons le cerveau de neurotransmetteurs et le surchargeons de signaux indépendants des stimuli externes.

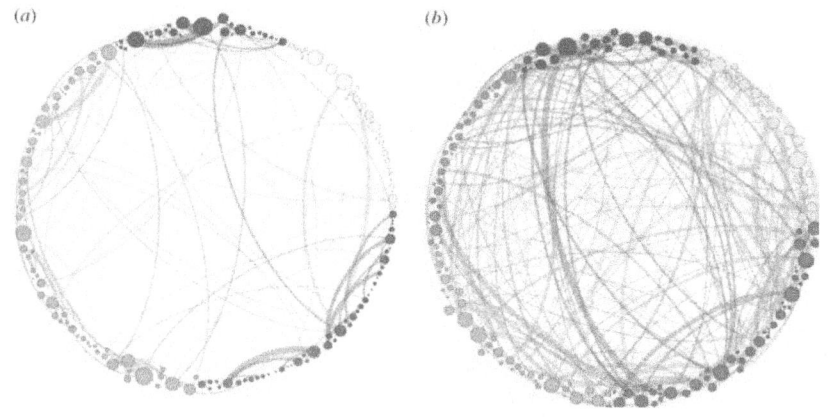

Les effets de la psilocybine sur l'inter-connectivité des régions cérébrales

Une conséquence de l'hyperactivité des neurones et de leur cadence de déclenchement accrue est une hyper-connectivité d'un grand nombre de régions cérébrales à des niveaux de puissance accrus.

Un grand nombre de connexions sont établies dans tout le cortex qui, autrement, n'auraient pas été activées.

Champignons hallucinogènes Psilocybe semilanceata

Une autre conséquence du changement du taux de déclenchement neuronal est un changement dans les ondes cérébrales elles-mêmes. Au fur et à mesure que la puissance est augmentée et redistribuée dans un réseau neuronal beaucoup plus large, les modèles d'interférence et les ondes cérébrales sont considérablement modifiés. Comme proposé, les ondes cérébrales sont les fréquences porteuses de la conscience, calculant ses modes. Et les changements substantiels de leur pouvoir devraient être corrélés aux changements de l'expérience subjective. Et avec DMT, nous constatons que c'est clairement le cas. Les changements de conscience sont dus à un changement de la courbure de la géométrie spatio-temporelle de la simulation. L'hypothèse concrète est que le réseau de mesures subjectives des distances que nous expérimentons sur DMT (provenant des relations entre les objets phénoménaux que l'on éprouve dans cet état) a une géométrie globale qui peut être décrite avec précision comme hyperbolique. La géométrie spatio-temporelle de la simulation est intrinsèquement hyperbolique. Notre monde intérieur devient plus grand qu'il n'est possible de s'adapter dans un champ expérientiel avec un espace phénoménal euclidien 3D. Il en résulte que des espaces, des surfaces et des objets phénoménaux acquièrent une courbure négative moyenne. Sous l'influence des psychédéliques, la simulation acquiert une courbure négative lorsqu'elle est surchargée d'informations.

Les niveaux géométriques d'un voyage psychédélique

1. Bruit visuel

La géométrie est perçue comme un bruit visuel ou statique, combiné avec des zones de lumière parasite et de rouge foncé qui apparaissent sous les paupières.

2. Mouvement et couleur

L'effet peut être décrit comme l'apparition de régions non structurées d'éclairs soudains et de nuages de couleur. Ceux-ci sont généralement appelés phosphènes et peuvent souvent être ressentis dans un état sobre en frottant ou en appliquant une pression sur ou près des yeux fermés.

3. Géométrie partiellement définie

Des formes et des motifs relativement complexes avec une structure vague commencent à se former. Ces motifs restent strictement bidimensionnels. La géométrie est fine, petite et agrandie avec une palette de couleurs sombres qui se limite généralement à quelques nuances différentes, telles que les noirs, les rouges et les violets foncés.
Ils sont affichés devant les champs visuels des yeux ouverts et fermés à travers un voile plat de géométrie mais ils sont nettement plus détaillés les yeux fermés ou dans des environnements sombres.

4. Géométrie entièrement définie

Le détail dans lequel la géométrie s'affiche
devient profondément complexe et totalement structuré, mais reste encore strictement bidimensionnel.
La géométrie devient plus grande et extrêmement complexe dans les détails avec une palette de couleurs presque illimitée dans ses possibilités.
Ils sont affichés à la fois sur le champ visuel ouvert et fermé des yeux à travers un voile plat de géométrie qui flotte directement devant les yeux d'une personne, restant beaucoup plus détaillés les yeux fermés ou dans des environnements sombres.

5. Géométrie tridimensionnelle

À ce niveau, la géométrie est devenue entièrement tridimensionnelle dans sa forme et sa position dans le champ visuel, ajoutant une nouvelle couche de complexité visuelle et laisse la géométrie étalée sur les surfaces et les objets de l'environnement d'une personne au lieu de simplement s'afficher à travers un voile basique et plat devant son champ visuel.

6. Remplacer partiellement la perception visuelle

La géométrie est devenue si intense, vive et brillante qu'elle a commencé à bloquer et à remplacer le monde extérieur .
La perception visuelle de l'environnement d'une personne commence à être remplacée par la géométrie. Avec des objets et des décors se transformant en structures géométriques complexes. À partir de ce niveau de géométrie, il est même possible de voir une géométrie perçue comme quadridimensionnelle ou créés à partir de principes géométriques nouveaux, non euclidiens ou absurdes, bien que cela soit plus courant aux niveaux supérieurs.

7. Remplacer complètement la perception visuelle

La géométrie continue de devenir plus vive et lumineuse, et commence à remplacer le monde extérieur. Le sens de la vue devient complètement altéré. Cela crée la perception que l'on n'est plus dans l'environnement extérieur, mais dans une autre réalité de formes géométriques extrêmement complexes, comme venue d'un autre monde.

8A. Exposition perçue au réseau de concepts sémantiques

Une expérience de niveau 8A peut être décrite comme le sentiment d'être exposé à une masse apparemment

infinie de géométrie composée entièrement de représentations compréhensibles, qui sont perçu pour transmettre simultanément chaque concept, mémoire, processus et structure neurologique stockés en interne dans l'esprit.
Ces sensations sont ressenties comme véhiculant une quantité égale d'informations intrinsèquement compréhensibles que celles qui sont également ressenties à travers la vision d'une personne.

8B. Exposition perçue à la mécanique intérieure de la conscience

L'expérience du niveau 8B peut être décrite comme le sentiment d'être exposé à une masse de géométrie composée entièrement de représentations géométriques intrinsèquement lisibles qui donnent subjectivement l'impression qu'elles transmettent la mécanique interne qui compose tous les processus neurologiques sous-jacents.
Au cours de cette expérience, l'organisation, la structure et la programmation derrière l'expérience consciente d'une personne sont perçues comme étant conceptuellement comprises.
Cette expérience dans son ensemble est perçue à travers des données géométriques visuelles naturellement comprises et est également ressentie physiquement à un niveau de détail incompréhensible par l'accompagnement de sensations cognitives et tactiles complexes.

Témoignages d' "expérienceurs"

J'ai voulu savoir ce que les substances hallucinogènes provoquaient visuellement chez ceux qui en prenaient. J'ai donc cherché sur des forums et ce que j'ai pu y trouver ne m'a pas déçue, car la majorité des témoins parlent d'une ''grille'' qui correspondrait parfaitement à la grille énergétique entourant la Terre et connectant le ''tout''.
Voici un recueil des différents témoignages :

''La seule fois où je me souviens avoir vu une grille, c'était sous champignons. C'était comme si c'était la structure sous-jacente de cette réalité apparente mais je ne sais pas vraiment. C'était vraiment simple sans aucun détail, juste une simple grille avec une perspective de profondeur apparente. Cela m'a rappelé un holodeck, il est resté immobile pendant que le corps se retournait. Cela ressemblait beaucoup à ça mais sans tous les trucs supplémentaires:

''Quand j'étais à l'université, j'ai essayé les champignons pour la première fois et au sommet, le ciel avait l'air quadrillé, comme si je regardais à travers une clôture à mailles de chaîne, et moi et les deux autres personnes avec qui j'étais ont vu l'orange, en spirale le

soulève le ciel, comme un mini ouragans fabriqués à partir de feux d'artifice. Et puis nous avons tous vu la moitié de la ville que nous surplombions, après avoir marché jusqu'au sommet d'une montagne, complètement noircir pendant environ 5 secondes. Le lendemain, nous avons demandé autour de nous et nous n'avons trouvé aucune raison pour laquelle la moitié de la ville se serait évanouie. Personne n'a rien vu. Certainement l'un des voyages les plus cool."

"Sous DMT. j'entre essentiellement le code de l'univers (je suis sûr que mon cerveau fait tout ça mais ça semble tellement réel). C'est presque comme si j'étais une entité dans le codage d'une simulation. Mais mon corps n'est pas là, juste ma conscience. Très difficile de mettre en mots l'expérience visuelle / mentale.''

"J'ai vu la grille. Je l'ai vu la première fois que j'ai pris du 4-Aco-DMT. Cela ressemblait à une grille d'énergie verte et jaune parfaitement symétrique avec des points d'énergie à ses points d'intersection et des connexions qui ne pouvaient être vues que lorsque je me concentrais dessus ou que je l'apercevais du coin de l'œil. La visibilité des intersections était assez importante. L'espace entre chaque point d'intersection était, de mémoire, aussi large que mon avant-bras et certaines des connexions énergétiques entre les intersections semblaient s'estomper.

Ce qui était étrange et m'a fait croire que c'était une preuve supplémentaire de la réalité de la prise de substances à base de tryptamine, c'était le fait que les deux amis avec qui je faisais la fête l'ont également vu. Nous avons confirmé cette expérience partagée en pointant de manière autonome divers points d'intersection - la crainte et la joie que nous avions face à ce mystère étaient incroyables. Nous pensions que c'était l'espace / temps lui-même. Nous ne l'avons pas vu depuis. J'ai alors raconté à un autre ami qui m'a expliqué qu'il m'en avait déjà parlé, l'histoire de la première fois qu'il a pris du LSD, quand il a vu des «champs de force énergétique». J'ai interrogé cet ami davantage et aussi un autre ami avec qui il était et en alignant leurs expériences avec les miennes, nous avons confirmé qu'il devait s'agir de la même grille – LA grille. Je pense que la métaphysique est à l'opposé de la physique actuelle - deux extrémités du même bâton. Certaines des réponses que les physiciens recherchent avec des machines comme le LHC peuvent déjà être trouvées et vues lors de la prise de substances qui donnent des expériences métaphysiques. Après beaucoup de réflexion et de

recherche sur la grille, je crois que ce n'est pas le tissu de l'espace / temps mais le champ de Higgs, le champ d'énergie invisible qui imprègne l'univers."

"J'ai vu une grille hexagonale dans le ciel nocturne après avoir pris du LSD, je ne l'avais pas vu tout de suite. Je regardais les étoiles (l'un de mes meilleurs trips d'ailleurs) et mon esprit s'est lentement éloigné et j'ai senti un changement en moi, puis je l'ai vu. C'était incroyable, elle remplissait tout le ciel de toutes ces formes en nid d'abeille ... est-ce que quelqu'un d'autre a déjà vécu cela ? Ou savez-vous ce que cela aurait pu être ?"

11.4/ Le cerveau quantique

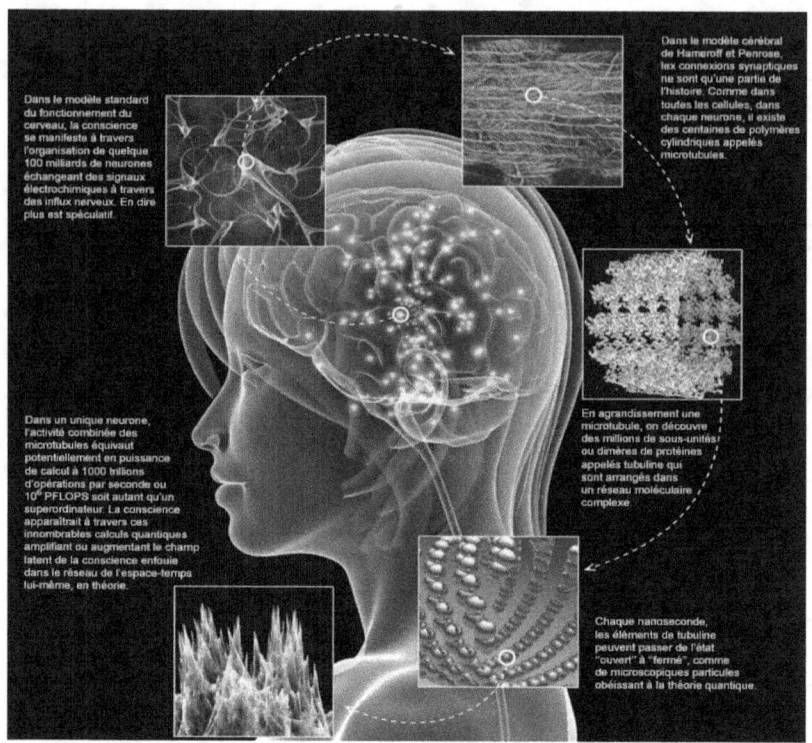

Les caractéristiques potentielles du calcul quantique pourraient expliquer les aspects énigmatiques de la conscience. Le modèle de Penrose-Hameroff (réduction objective orchestrée : Orch OR) suggère que la superposition quantique et une forme de calcul quantique se produisent dans les microtubules, réseaux cylindriques de protéines du cytosquelette cellulaire dans les neurones. Les microtubules se couplent et régulent les fonctions synaptiques au niveau neuronal, et peuvent être de parfaits ordinateurs quantiques en raison de la structure de réseau dynamique des états de sous-unités au niveau quantique et de l'isolement intermittent des interactions environnementales. La réduction objective orchestrée (Orch OR) est une théorie qui propose que la conscience consiste en une séquence d'événements discrets, chacun étant un moment de réduction objective (OR) d'un état quantique, où il est supposé que ces états quantiques existent en tant que parties d'un calcul quantique effectué principalement dans les microtubules neuronaux. De tels événements de RO devraient être orchestrés de manière appropriée (Orch OR), pour qu'une véritable conscience surgisse. OU lui-même est considéré comme omniprésent dans les actions physiques, représentant le lien entre les mondes quantique et classique, où les superpositions quantiques entre paires d'états se résolvent spontanément en alternatives classiques dans une échelle de temps ~τ, calculée à partir de la quantité de déplacement de masse qu'il y a entre les deux états.

Dans notre propre cerveau, le processus OU qui évoque la conscience serait des actions qui relient la biologie du cerveau (calculs quantiques dans les microtubules) à la structure à échelle fine de la géométrie espace-temps, le niveau le plus élémentaire de l'univers, où le minuscule espace-temps quantique les déplacements sont considérés comme responsables de la salle d'opération. La proposition Orch-OR s'étend donc à un éventail considérable de domaines scientifiques, touchant aux fondements de la relativité générale et de la mécanique quantique, de manière non conventionnelle, en plus des domaines plus manifestement pertinents tels que les neurosciences, les sciences cognitives, la biologie moléculaire et philosophie. Il n'est donc pas surprenant que Orch OR ait été constamment critiqué sous de nombreux angles depuis son introduction en 1994. Néanmoins, le schéma Orch OR a jusqu'à présent mieux résisté à l'épreuve du temps que la plupart des autres schémas, et il se distingue particulièrement des autres propositions par les nombreux ingrédients scientifiquement testés et potentiellement testables dont il dépend. Les états d'information de la tubuline dans le calcul quantique et classique d'Orch OR sont maintenant corrélés avec des dipôles, plutôt qu'avec une conformation mécanique, évitant ainsi les problèmes de chaleur et d'énergie. Les dipôles de tubuline qui interviennent dans le calcul et l'enchevêtrement peuvent être électriques (séparation des charges de force de Londres) ou magnétiques (états et courants de spin des électrons). La conductance électronique améliorée découverte dans des microtubules uniques à température chaude à des fréquences spécifiques de courant alternatif gigahertz, mégahertz et kilohertz soutient fortement OR Orch. BC et Orch OR peuvent très bien être "médiés" par les canaux quantiques intra-tubuline des anneaux aromatiques, comme dans les protéines de photosynthèse, de manière plausible pour le calcul quantique dans les microtubules. Les anesthésiques se lient dans ces canaux quantiques de tubuline, vraisemblablement pour disperser les dipôles quantiques nécessaires à la conscience. Les processus invariants d'échelle (1 / f de type fractal) au niveau des neurones et du réseau pourraient peut-être s'étendre vers le bas jusqu'à la BC intra-neuronale dans les microtubules. La proposition Orch OR suggère que l'expérience consciente est intrinsèquement liée à la structure à échelle fine de la géométrie de l'espace-temps, et que la conscience pourrait être profondément liée au fonctionnement des lois de l'univers.

11.5/ Comment savoir si vous n'êtes pas le seul être conscient de l'univers ?

Les philosophes appellent cela le problème des autres esprits, d'autres le problème du solipsisme. Le solipsisme est une forme extrême de scepticisme, à la fois fou et irréfutable qui soutient que vous êtes le seul être conscient existant. Le cosmos est né lorsque vous êtes devenu conscient, et il disparaîtra lorsque vous mourrez. Aussi folle que soit cette idée, elle repose sur un fait brut : chacun de nous est enfermé dans une cellule de prison imperméable à la conscience subjective. Vous faites l'expérience de votre propre esprit à chaque seconde de veille, mais vous ne pouvez déduire l'existence d'autres esprits que par des moyens indirects. D'autres personnes semblent posséder des perceptions conscientes, des émotions, des souvenirs, des intentions, tout comme vous, mais vous ne pouvez pas être sûr qu'elles ne soient pas simulées. Vous pouvez deviner à quoi ressemble le monde mais vous n'aurez jamais d'accès direct à sa réelle existence physique dans le passé (avant votre création). La sélection naturelle nous a inculqué la capacité de comprendre les émotions et les intentions des autres mais nous avons une contre-tendance à nous tromper les uns les autres et à craindre d'être trompés. Le problème du solipsisme contrarie les efforts pour expliquer la conscience. Les pan-psychistes soutiennent que toutes les créatures et même la matière inanimée, même un seul proton, possèdent la conscience. Le solipsisme est une réponse paranoïaque mais compréhensible aux sentiments de solitude qui se cachent en nous tous. La religion est une réponse au problème du solipsisme. Nos ancêtres ont imaginé une entité surnaturelle qui témoigne de nos peurs et désirs les plus intimes. Peu importe à quel point nous nous sentons seuls, à quel point nous sommes éloignés de nos semblables, le créateur est toujours là pour veiller sur nous.

L'amour, idéalement, nous donne l'illusion de transcender le problème du solipsisme. Vous sentez que vous connaissez vraiment quelqu'un, de l'intérieur, et elle vous connaît. Dans les moments de communion sexuelle extatique ou de convivialité mondaine, la barrière entre vous semble disparaître. Inévitablement, cependant, votre amant vous déçoit, vous trompe, vous trahit. Pour être moins dramatiquement, un léger changement bio-cognitif se produit. Le problème du solipsisme est réapparu, plus douloureux et étouffant que jamais. Ça s'empire. En plus du problème des autres esprits, il y a le problème du nôtre. Comme le souligne le psychologue Robert Trivers , nous nous trompons au moins aussi efficacement que nous trompons les autres. Un corollaire de cette sombre vérité est que nous nous connaissons encore moins que les autres. Selon la doctrine bouddhiste de l'anatta, le moi n'existe pas vraiment. Lorsque vous essayez de cerner votre propre essence, de la saisir, elle vous glisse entre les doigts. Le solipsisme est une caverne dont on ne peut pas sortir sauf éventuellement en prétendant qu'il n'existe pas. Peut-être que le meilleur moyen de faire face au problème du solipsisme est d'imaginer un monde dans lequel il a disparu.

11.6/ Les rêves

Tout ce que nous voyons, entendons, touchons, goûtons et sentons est une information décodée par notre conscience pour rendre nos sens "réels".
Le monde des rêves n'est qu'un autre cadre de réalité virtuelle dans lequel notre conscience peut habiter temporairement. Chaque fois que nous dormons, nous rêvons, même si nous oublions la plupart des rêves que nous faisons. Dans chaque nouveau rêve, notre esprit invente constamment de nouvelles scènes. Comment un cerveau, résidant à l'intérieur d'un crâne qui ne voit jamais un seul photon de lumière, peut-il créer dans l'obscurité un monde où tout est éclairé ? C'est parce que notre esprit a la capacité de créer des mondes entiers à partir de rien - tout cela se faisant à travers notre subconscient. Voilà à quel point le cerveau est vraiment puissant.
Le paysage du monde des rêves ou des cauchemars et ce que nous pouvons y faire, comme voler, se noyer, tomber dans le vide sans mourir ou être touché par une balle sans souffrir, c'est parce qu'il possède un ensemble de règles différent de notre "réalité".

Notre monde quotidien possède un ensemble de règles rigides où les processus physiques n'évoluent pas beaucoup ; si vous placez votre sac sur votre buffet, il y a de fortes chances qu'il soit là demain. Mais dans le monde des rêves, tout est en mouvement. Les rêves peuvent se terminer aussi vite qu'ils ont commencé et ils ne suivent aucune règle. Une autre grande différence dans le monde du rêve est le temps, qui est bien différent du monde quotidien. Il se tend ou se dilate. Mais pourquoi rêvons-nous et que signifient les rêves ? Il semblerait que rêver est une façon de résoudre les problèmes et à faire évoluer notre conscience. Dans notre réalité, nous sommes confrontés à des problèmes en permanence. Dans les rêves, nous sommes aussi confrontés à des défis. Et c'est la façon dont nous les traitons qui fait évoluer le niveau d'apprentissage, comme dans la vie. Dans le monde réel, nous prenons souvent des décisions à partir de notre intellect, mais le monde des rêves c'est l'inverse.

Celui qui exécute notre simulation, fournit les rêves que nous expérimentons. Souvent, ces rêves nous mettent dans des situations qui nous mettent à l'épreuve et nous interpellent en stimulant notre ego et nos angoisses. Si nous prenons toujours les mauvaises décisions, nous devrons revivre toujours le même rêve jusqu'à prendre la bonne. Le rêve peut revenir à nouveau pour s'assurer que nous sommes au dessus de nos frayeurs. Les rêves ne sont pas là pour nous hanter ou nous effrayer, mais pour nous aider à apprendre et à faire évoluer la qualité de notre conscience.

La plupart des rêves sont une prolongation de ce qui se produit dans la vie quotidienne. Et l'inverse est aussi vrai : le rêve peut avoir un impact sur nos vies. Actuellement, les thérapeutes aident les patients à interpréter leurs rêves, grâce à leurs récits, à la recherche d'indices, de symboles et de structures qui pourraient correspondre à leur vie.

Le système Hall et Van de Castle est le système le plus connu pour analyser les rêves. Il le codifie les personnages, les interactions et leurs effets. Seul bémol : c'est un procédé laborieux qui exige un travail manuel. C'est pourquoi les scientifiques du sommeil cherchent une manière algorithmique qui permettrait d'automatiser cette mission. Le chercheur Fogli et son équipe a trouvé la solution en analysant 24 000 rêves, à partir d'une énorme base de données publique de rapports de rêves, nommée DreamBank.

"Nous avons conçu un outil qui évalue automatiquement les rapports de rêves en opérationnalisant l'échelle d'analyse des rêves largement utilisée par Hall et Van de Castle. Nous avons validé l'efficacité de l'outil sur les rapports de rêves écrits à la main et testé ce qui s'appelle l'hypothèse de continuité à cette échelle sans précédent. Ces trois dimensions sont considérées comme les plus importantes pour aider à l'interprétation des rêves, car elles définissent l'épine dorsale d'une intrigue de rêve : qui était présent, quelles actions ont été réalisées et quelles émotions ont été exprimées", explique l'équipe.

Lorsqu'ils comparent les résultats de leur outil avec les notes manuscrites des rapports de rêves rédigées par les experts du rêve, les résultats correspondaient aux trois quarts du temps. Même si ce n'est pas un score parfait, c'est une voie prometteuse pour développer des technologies similaires afin de percer les mystères de la recherche du rêve.

Grâce aux données probantes, les chercheurs ont trouvé une vérification qui appuie l'hypothèse de la continuité, à savoir que les rêves sont une continuation de ce qui est vécu dans la vie quotidienne. Toujours selon les chercheurs, les rêves contenaient divers marqueurs statistiques reflétant ce que les rêveurs ont peut être vécu dans la vie réelle.

Cette étude facilitera ainsi la quantification des aspects importants des rêves, et pourrait construire des technologies qui comblent le fossé actuel entre la vie réelle et le rêve.

11.7/ Un document explosif de la CIA ; "Le processus de la passerelle"

Approved For Release 2003/09/10 : CIA-RDP96-00788R001700210016-5

DEPARTMENT OF THE ARMY
US ARMY OPERATIONAL GROUP
US ARMY INTELLIGENCE AND SECURITY COMMAND
FORT GEORGE G. MEADE, MARYLAND 20755

IAGPC-O
9 June 1983

SUBJECT: Analysis and Assessment of Gateway Process

TO: Commander
    US Army Operational Group
    Fort Meade, MD 20755

1. You tasked me to provide an assessment of the Gateway Experience in terms of its mechanics and ultimate practicality. As I set out to fulfill that tasking it soon became clear that in order to assess the validity and practicality of the process I needed to do enough supporting research and analysis to fully understand how and why the process works. Frankly, sir, that proved to be an extremely involved and difficult business. Initially, based on conversations with a physician who took the Gateway training with me, I had recourse to the biomedical models developed by Itzhak Bentov to obtain information concerning the physical aspects of the process. Then I found it necessary to delve into various sources for information concerning quantum mechanics in order to be able to describe the nature and functioning of human consciousness. I had to be able to construct a scientifically valid and reasonably lucid model of how consciousness functions under the influence of the brain hemisphere synchronization technique employed by Gateway. Once this was done, the next step involved recourse to theoretical physics in order to explain the character of the time-space dimension and the means

Le processus de la passerelle ou "Gateway experience" est un système d'entraînement conçu pour améliorer la concentration et la cohérence de l'amplitude et de la fréquence de la sortie des ondes cérébrales entre les hémisphères gauche et droit afin de modifier la conscience et s'échapper des restrictions du temps et de l'espace.

L'expérience Gateway a été créée à l'origine par Robert Monroe, fondateur de l'institut Monroe (TMI) qui est sans doute l'institut le plus renommé pour les études de la conscience depuis 1971.

La passerelle consiste à expérimenter les aspects non physiques de la réalité et nous apprend à quel point notre conscience est vraiment puissante.

Pour comprendre les processus impliqués pour atteindre ces royaumes, des membres du gouvernement américain se sont penchés profondément sur les états de conscience modifiés. Ils ont étudié les hypnoses, la méditation transcendantale, la rétroaction biologique, l'hémisync et les battements binauraux. Ils ont également repris une grande partie des informations et de l'expérience acquises grâce au projet MK Ultra. Une fois leur recherche terminée, un document a été créé en 1983.

Déclassifié en 2017, voici la traduction complète :

OBJET : Analyse et évaluation du processus de la passerelle (gateway)

A: Commandant du groupe opérationnel de l'armée américaine Fort Meade, MD 20755

Vous m'avez demandé de fournir une évaluation de l'expérience de la passerelle en termes de sa mécanique et son utilité ultime. Comme je me suis mis à remplir cette tâche, il est rapidement devenu évident que pour évaluer la validité et le caractère pratique de processus dont j'avais besoin pour faire suffisamment de recherche de soutenance et d'analyse pour bien comprendre comment et pourquoi le processus fonctionne. Franchement, Monsieur, cela a été extrêmement difficile. Initialement basé sur des conversations avec un médecin qui a suivi la formation "passerelle" avec moi, j'ai eu recours au biomédical, des modèles développés par Itzhak Bentov pour obtenir des informations concernant l'aspect physique du processus. Alors j ai trouvé nécessaire de fouiller dans différentes sources pour des informations concernant la mécanique quantique afin de pouvoir décrire le nature et fonctionnement de la conscience humaine. Je devais être capable de construire un modèle scientifiquement valide et raisonnablement lucide de la façon dont fonctionne la conscience sous l'influence de la technique de synchronisation de l'hémisphère cérébral employée par passerelle. Une fois cela fait, la prochaine étape consistait à recourir à des la physique pour expliquer le caractère de la dimension spatio-temporelle et des moyens par lequel la conscience humaine élargie le transcende dans la réalisation d'objectif Gateway. Enfin, j'ai encore trouvé nécessaire d'utiliser la physique pour amener l'ensemble phénomène des états hors du corps dans le langage de la science physique à supprimer la stigmatisation de ses connotations occultes, et le mettre dans un cadre de référence adapté à évaluation objective. J'ai commencé le récit en présentant brièvement les facteurs biomédicaux fondamentaux affectant des techniques connexes telles que l'hypnose, le biofeedback et le transcendantal, la méditation pour que leurs objectifs et leur mode de fonctionnement puissent être comparés l'esprit du lecteur avec l'expérience de la passerelle comme modèle de son sous-jacent la mécanique a été développée. De plus, ce matériel d'introduction est utile pour soutenir les conclusions du document. J'indique que parfois ces apparentés techniques peuvent fournir des points d'entrée utiles pour accélérer le mouvement dans l'expérience de la passerelle.

Niels Bohr, le célèbre physicien, a déjà répondu aux plaintes de son fils à propos de la nature obtuse de certains concepts en physique en disant:
« Vous ne pensez pas, vous êtes simplement logique. »
La physique de la conscience humaine altérée traite avec certaines conceptualisations qui ne sont pas faciles à saisir ou à visualiser exclusivement dans le contexte de la pensée linéaire cerveau gauche ordinaire. Donc, pour emprunter le mode d'expression du Dr Bohr, certaines parties de cet article exigeront non seulement de la logique, mais un aperçu intuitif du cerveau droit pour obtenir une compréhension complète des concepts impliqués. Néanmoins, une fois cela fait, je suis convaincu que leur la construction et l'application résistent à l'épreuve de la critique rationnelle. Paradoxalement, avoir tant fait pour ne pas essayer de rendre jugements basés sur un cadre de référence occulte ou dogmatique à la fin j'ai trouvé nécessaire de revenir, au moins brièvement, à la question de l'impact de l'expérience de la passerelle sur des systèmes de croyance communs. Je l'ai fait parce que même s'il était

essentiel d'éviter de tenter de rendre une évaluation dans le contexte de tels systèmes, j'ai senti qu'il était nécessaire, après avoir terminé l'analyse, de souligner que les conclusions qui en résultent ne font aucune violence au courant fondamental des systèmes de croyances occidentaux ou orientaux. Sauf si ce point est clairement établi, le danger existe que certaines personnes rejettent le concept de l'expérience de la passerelle dans la croyance erronée qu'elle contredit et est donc étranger à tout ce qu'ils considèrent être juste et vrai.
Cette étude n'est certainement pas conçue pour être le dernier mot sur le sujet mais j'espère que la validité de sa structure de base et des concepts fondamentaux en feront un guide utile pour d'autres membres du personnel qui sont nécessaire pour suivre la formation "passerelle".

Introduction

Afin de décrire la technique de l'Institut Monroe pour la réalisation d'états de conscience altérés (l'expérience de la passerelle) impliquant la synchronisation hémisphérique du cerveau, le moyen le plus efficace pour commencer est de décrire brièvement la mécanique de base qui sous-tend le fonctionnement des méthodes connexes tels que l'hypnose, la méditation transcendantale et le biofeedback. Il est plus facile de décrire efficacement ce qu'est la passerelle en commençant par une brève description de celle-ci, des techniques associées qui partagent certains aspects communs avec l'expérience de la passerelle mais qui sont néanmoins différents. De cette façon, nous pouvons développer un cadre de référence au départ qui fournira des concepts utiles pour expliquer et comprendre Gateway (la passerelle) par comparaison, au fur et à mesure que nous procédons.

Hypnose

Selon les théories du psychologue Ronald Stone et du modèles d'ingénierie biomédicale de Itshak Bentov, l'hypnose est essentiellement une technique qui permet l'acquisition d'un accès direct au cortex moteur sensoriel et au plaisir, centres et parties cérébrales (émotionnelles) inférieures (et centres de plaisir associés) du côté droit du cerveau humain après le désengagement réussi de la fonction de dépistage du stimulus de l'hémisphère gauche du cerveau. L'hémisphère gauche du cerveau est le raisonnement auto-cognitif, verbal et linéaire composante de l'esprit. Il remplit la fonction de filtrage des stimuli entrants par le fait de classer, évaluer et attribuer un sens avant de permettre le passage à l'hémisphère droit de l'esprit. L'hémisphère droit, qui fonctionne comme composant non critique, holistique, non verbal et orienté semble accepter ce que l'hémisphère gauche lui passe sans conteste. Par conséquent, si l'hémisphère gauche peut être distrait par ennui ou en réduisant à un état soporifique, semi-sommeil, les stimuli externes à inclure les suggestions hypnotiques sont autorisées à passer dans l'hémisphère droit où ils sont acceptés et traités directement. Le résultat peut impliquer une réaction émotionnelle provenant de la région cérébrale inférieure, sensorielle / motrice, réponses nécessitant l'implication du cortex, etc. Tant le sensoriel que le

cortex moteur de la partie cérébrale droite du cerveau contiennent une séquence de points connus sous le nom « homoncule » qui correspond aux points dans le corps.
La stimulation de la zone correspondante sur le cortex provoque une réponse intermédiaire dans la partie associée du corps. Par conséquent, l'induction de la suggestion que la jambe gauche est engourdie, si elle atteint l'hémisphère droit non contesté et est renvoyé à la zone appropriée du cortex sensoriel, provoquera une réaction électrique qui provoquera la sensation d'engourdissement. De même, la suggestion que la personne éprouve un sentiment général de bonheur et de bien-être serait renvoyé au centre du plaisir situés dans la partie cérébrale inférieure ou dans le cortex de l'hémisphère droit, induisant ainsi le sentiment d'euphorie suggéré. Finalement, des suggestions comme celle qui informe le sujet hypnotique qu'il apprécie la concentration ou les pouvoirs de la mémoire serait répondu dans l'hémisphère droit en accédant à la capacité de stockage des informations inutilisées normalement conservées dans les réserves des processus de sélection et de contrôle de l'hémisphère gauche. Cet aspect deviendra important dans le contexte du processus de la passerelle lorsque l'attention est accordée à examiner la façon dont l'hypnose peut être utilisée pour accélérer les progrès au début des étapes de l'expérience Passerelle.

Méditation Transcendantale

En revanche, la méditation transcendantale fonctionne d'une manière nettement différente. Dans cette technique, intense concentrée sur le processus de faire remonter l'énergie dans la moelle épinière en fin de compte ce qui semble être la création d'ondes stationnaires acoustiques dans les ventricules cérébraux qui sont ensuite conduits à la matière grise dans le cortex du côté droit du cerveau. En conséquence, selon Bentov, ces vagues stimuleront et finiront par polariser le cortex de telle manière qu'il aura tendance à faire un signal le long de l'homoncule, à partir des orteils.

Le modèle biomédical Bentov, tel que décrit dans un livre de Lee Sannella, MD, intitulé: Kun dal ini -Psychos is ou Transcendance, déclare que les ondes acoustiques sont le résultat du rythme altéré des bruits cardiaques qui sont occasionnés par la pratique prolongée de la méditation, et qui a mis en place sympathique des vibrations dans les parois des cavités remplies de fluide qui constituent le troisième des ventricules latéraux du cerveau. En outre, selon Bentov, les états de bonheur décrit par ceux dont les symptômes de la Kundalini ont complété la boucle complète le long des hémisphères peut être expliqué comme une auto-stimulation du plaisir dans le cerveau provoqués par la circulation d'un courant le long du sensoriel cortex. Bentov note également que la plupart des symptômes décrits commencent sur le côté gauche du corps signifie que c'est principalement un développement se produisant dans l'hémisphère droit.

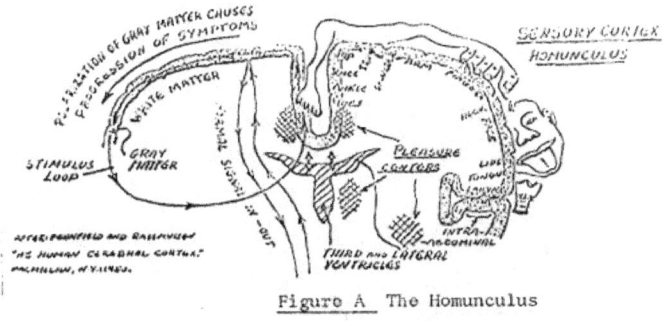

Figure A The Homunculus

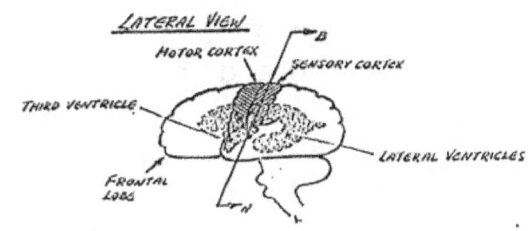

Figure B The Motor and Sensory Cortex and the Third and Lateral Ventricles

Bien que normalement une période de la pratique de la méditation pendant cinq ans ou certains sont nécessaires pour Kundalini, Bentov déclare que l'exposition à des vibrations mécaniques ou acoustiques de la gamme de 4-7 Hertz (cycles par seconde) pour des périodes prolongées peut atteindre le même effet. Bentov cite comme exemple répété à cheval dans une voiture dont la suspension et la combinaison du siège produit cette gamme de vibrations ou est exposée longtemps des périodes de temps à ces fréquences provoquées, par exemple, par une climatisation. Il note également que l'effet cumulatif de ces vibrations peut être capable de déclencher une séquence physio-Kundalini spontanée chez les personnes sensibles qui ont une système nerveux particulièrement sensible.

Bio-rétroaction

La troisième méthode de modification de la conscience qui sera brièvement décrit dans biofeedback. Le biofeedback est quelque peu unique en ce qu'il utilise en fait les pouvoirs auto-cognitifs de l'hémisphère gauche pour accéder à des zones du cerveau droit telles que les cortex cérébral inférieur, moteur et sensoriel et des centres de douleur ou de plaisir assortis. Au lieu de supprimer l'hémisphère gauche comme se fait en hypnose, ou en grande partie en contournant et en ignorant la méditation transcendantale, le biofeedback enseigne que l'hémisphère gauche en premier va visualiser le résultat souhaité et ensuite reconnaître les sentiments associés à l'expérience de l'accès réussi à l'hémisphère droit du cerveau inférieur spécifique, le cortex, la douleur ou le plaisir ou d'autres domaines de la manière nécessaire pour produire le résultat désiré. Des dispositifs d'auto-surveillance spéciaux tels que le thermomètre numérique sont à utiliser pour informer le cerveau gauche quand il réussit à saisir l'hémisphère droit dans l'accès à la zone appropriée. Une fois cela fait, le cerveau gauche peut alors à plusieurs reprises rétablir les voies impliquées afin de produire les mêmes mesures de succès externes et objectives. De cette façon, les voies sont renforcées et soulignées à un tel point que la conscience est autorisée à accéder aux zones appropriées dans le cerveau droit en utilisant un mode conscient, à la demande. Par exemple, si le sujet souhaite augmenter la circulation dans la jambe gauche afin d'accélérer la guérison, il peut se concentrer avec son cerveau gauche sur la réalisation de ce résultat tout en surveillant attentivement un thermomètre numérique relié à la jambe gauche. Lorsque l'effort concentré commence à réussir, le thermomètre numérique enregistrera une augmentation de la température de la jambe gauche. À ce stade, le sujet peut mentalement (cerveau gauche) associer les sensations éprouvées au résultat obtenu et peut commencer à souligner, par rappel de mémoire, le même processus pour provoquer son renforcement par affirmation et répétition. De cette façon, la douleur peut être bloquée, la guérison peut être améliorée, les tumeurs malignes peuvent apparemment être supprimées et finalement détruites, les centres de plaisir du corps peuvent être stimulés, et une variété des résultats physiologiques peuvent être obtenus. En outre, le biofeedback peut être utilisé pour accélérer grandement la réalisation d'états méditatifs profonds, en particulier pour les débutants qui n'ont aucune expérience dans les techniques méditatives et dont la méthodologie est améliorée par une visualisation efficace et externe, une objective affirmation. L'affichage des ondes cérébrales du sujet sur un tube cathodique a prouvé être un moyen de laboratoire validé par lequel les sujets peuvent rapidement apprendre à se placer dans des états profondément détendus caractérisés par la sorte de quiétude et la singularité de la concentration mentale associée à la méditation avancée.

Gateway (Passerelle) et Hemi-Sync

Maintenant que nous avons brièvement décrit la mécanique de base des principales techniques pour modifier ou élargir la conscience qui partagent certains des objectifs et / ou méthodes employés dans l'expérience de passerelle, nous pouvons procéder à se concentrer sur ce que cette technique implique réellement. Fondamentalement, la »Gateway Expérience » est un système de formation conçu pour apporter plus de force, de concentration et la cohérence à l'amplitude et la fréquence de sortie des ondes cérébrales entre les hémisphères droits et gauches afin de modifier la conscience, en la déplaçant en dehors de la sphère physique afin d'échapper aux restrictions du temps et de l'espace. Le participant accède alors aux différents niveaux de connaissance intuitive que l'univers offre. Ce qui différencie l'expérience de passerelle des formes de la méditation est son utilisation de la technique Hemi-Sync définie dans une monographie par Melissa Jager, formatrice de l'Institut Monroe, un état de conscience définissant les motifs EEG des deux hémisphères simultanément égaux en amplitude et fréquence. Elle note également que les études menées par Elmer et Alyce Greene à la Fondation Menninger a montré qu'un sujet avec 20 ans d'entraînement à la méditation zen pourrait établir Hemi-Sync à volonté, et le soutenir pendant plus de 15 minutes.

Dr Stuart Twemlow, un psychiatre et un associé de recherche du Monroe Institute, rapporte que dans nos études du système de bande Monroe sur les ondes cérébrales, nous avons constaté que les bandes encouragent la focalisation de l'énergie cérébrale (elle peut être mesurée comme avec une ampoule en watts) dans une bande de fréquences plus étroite. Cette focalisation de l'énergie n'est pas différente du concept

de yoga que nous pouvons traduire comme un seul esprit.
Le Dr Twemlow poursuit en observant que l'individu entre dans les bandes au-delà de la mise au point, il y a une augmentation progressive de taille des ondes cérébrales qui est une mesure de l'énergie ou de la puissance du cerveau.

Lampe vs Laser

Melissa Jager utilise une métaphore pour aider à clarifier le processus impliqué dans l'utilisation de Hemi-Sync dans l'expérience Gateway. Elle souligne que l'esprit humain dans son état naturel peut être assimilé à une lampe ordinaire qui dépense de l'énergie sous forme de chaleur et de lumière mais de manière chaotique et incohérente qui diffuse son énergie sur une large zone de profondeur assez limitée. De l'autre main, l'esprit humain sous la discipline d'Hemi-Sync agit à la manière d'un faisceau laser qui produit un flux de lumière discipliné. Le flux d'énergie est projeté avec une cohérence totale de fréquence et d'amplitude telle que la surface d'un faisceau laser contient des milliards de fois l'énergie concentrée trouvé dans une surface similaire sur le soleil. Gateway suppose qu'une fois la fréquence et l'amplitude du cerveau humain sont rendues cohérentes, il est possible de commencer à accélérer à la fois pour que l'esprit humain résonne bientôt au plus haut des niveaux vibratoires. L'esprit peut alors se lancer dans la synchronisation avec plusieurs niveaux d'énergie sophistiqués et raréfiés dans l'univers. L'esprit en opérant à ces niveaux de plus en plus raréfiés est supposé être capable de traiter les informations ainsi reçues à travers la même matrice fondamentale par laquelle il fait sens de l'entrée sensorielle physique ordinaire pour obtenir un sens cognitif. Une telle signification est généralement perçue visuellement sous forme de symboles mais peut être aussi perçu comme des éclairs étonnants d'intuition holistique ou même sous la forme de scénarios impliquant à la fois la perception visuelle et auditive. La mécanique par laquelle l'esprit exerce la fonction de conscience sera abordée plus en détail plus loin dans cet article.

Fréquence après réponse. Pour réaliser la synchronisation des hémisphères cérébraux, la technique Hemi-Sync profite d'un phénomène connu sous le nom de fréquence Après la réponse (FFR), cela signifie que si un sujet entend un son produit à une fréquence qui émule l'un de ceux associés au fonctionnement du cerveau humain qui va essayer d'imiter le même motif de fréquence en ajustant sa sortie des ondes cérébrales. Par conséquent, si le sujet est complètement réveillé mais entend des fréquences sonores proches de la sortie des ondes cérébrales au niveau Thêta, le cerveau du sujet va essayer de modifier son modèle d'ondes cérébrales à partir de la bêta normale jusqu'à atteindre le niveau Thêta. Puisque le niveau Thêta est associé au sommeil, le sujet concerné peut passer d'un état de veille complet à un état de sommeil (à condition ne pas résister consciemment) que le cerveau s'efforce d'entraîner sa sortie de fréquence d'onde avec celui que la personne entend. Puisque ces fréquences d'ondes cérébrales sont à l'extérieur, le spectre des sons qui peuvent être entendus sous forme pure par l'oreille humaine : Hemi-

Sync doivent les produire sur la base d'un autre phénomène connu de la capacité du cerveau pour déduire des fréquences beat. Si le cerveau humain est exposé à une fréquence dans l'oreille gauche qui est de 10 Hertz en dessous d'une autre fréquence audible jouée dans l'oreille droite, plutôt que d'entendre l'une des deux fréquences audibles, le cerveau choisit d'entendre la différence entre eux, la fréquence beat. Ainsi, se prévalant du phénomène FFR, et en utilisant la technique des fréquences beat, le système de la passerelle utilise Hemi-Sync et d'autres techniques audio utilisant le phénomène FFR pour introduire une variété de fréquences qui sont jouées à un niveau presque subliminal, niveau légèrement audible. L'objectif est de détendre l'hémisphère gauche du cerveau, placer le corps physique dans un état de sommeil virtuel, et amener les hémisphères gauche et droit dans la cohérence et dans des conditions conçues pour promouvoir la production d'une amplitude et d'une fréquence toujours plus élevées de la sortie des ondes cérébrales. Des suggestions subliminales de Bob Monroe accompagnent peut-être les différentes ondes cérébrales les fréquences, qui sont parfois enroulées avec d'autres sons pour masquer les fréquences sonores lorsque vous le souhaitez. De cette façon, Gateway s'efforce de fournir au sujet les outils lui permettant de modifier sa conscience basée sur sa propre volonté au fil du temps à travers l'utilisation répétitive des bandes pour accéder, par des moyens intuitifs, à de nouvelles catégories d'informations non disponible pour la conscience ordinaire.

Rôle de la résonance

Cependant, la cohérence cérébrale par l'entraînement à battre les fréquences introduites par les écouteurs stéréo ne sont qu'une partie de la raison pour laquelle le système de passerelle fonctionne. Il est également conçu pour atteindre la quiétude physique caractéristique d'états méditatifs transcendantaux profonds qui entraîne une altération complète du motif de résonance fondamental associé aux fréquences produites par le corps humain. Yoga zen ou méditation transcendantale, si pratiqué assez longtemps, produira un changement de la fréquence sonore avec laquelle le cœur humain résonne dans tout le corps. Selon Bentov, ce changement résonance résulte de l'élimination de ce que la profession médicale appelle la bifurcation écho pour que le son du battement de cœur puisse se déplacer de manière synchrone et le système circulatoire en résonance harmonieuse environ sept fois une seconde. Bentov décrit le rôle joué par l'écho de bifurcation comme suit : Quand le ventricule gauche du cœur éjecte du sang, l'aorte, étant élastique, projette juste au-delà de la valve et provoque une impulsion de pression pour voyager le long de l'aorte. Lorsque l'impulsion de pression atteint la bifurcation dans le bas-ventre, une partie de la pression du pouls rebondit et commence à remonter l'aorte. Si en attendant le cœur éjecte plus de sang, et une nouvelle impulsion de pression se déplace vers le bas, ces deux point pressions vont éventuellement entrer en collision quelque part le long de l'aorte et produire un modèle d'interférence.

En plaçant le corps dans un état sinistre, les bandes de la »passerelle » atteignent le même but que la méditation en ce qu'elle place le corps dans un état détendu que l'écho de bifurcation disparaît lentement comme le cœur diminue la force et fréquence avec lesquelles il pousse le sang dans l'aorte. Le résultat est un motif sonore sinusoïdal régulier et rythmé qui résonne dans tout le corps et monte dans la tête en résonance soutenue. L'amplitude de cette onde sinusoïdale, lorsqu'elle est mesurée avec un instrument sensible de type sismographe, est d'environ trois fois la moyenne du volume sonore produit par le cœur lorsqu'il fonctionne normalement.

Stimulation cérébrale

Le modèle biomédical de Bentov montre que cette résonance est d'une importance considérable car elle est directement transmise au cerveau. La vibration qui en résulte est reçue et transmise au cerveau lui-même via le troisième ventricule gauche rempli de liquide situés au-dessus du tronc cérébral. Une impulsion électromagnétique est alors générée qui pousse le cerveau à augmenter l'amplitude et la fréquence de la sortie des ondes cérébrales, comme l'a observé le Dr Twemlow dans sa recherche sur les effets des bandes Hemi-Sync. En outre, le cerveau est contenu dans une membrane serrée qui, à son tour, est amortie par une fine couche de fluide situé entre elle et le crâne. Comme résonance cohérente produite par le cœur humain dans un état de relaxation profonde atteint la couche de fluide entourant le cerveau, il met en place un motif rythmique dans lequel le cerveau se déplace de haut en bas environ 0,005 à 0,010 millimètre dans un motif continu. Le caractère auto-renforçant du comportement résonnant explique la capacité du corps à soutenir ce mouvement malgré le niveau d'énergie minimum impliqué, de cette manière, le corps entier, basé sur sa propre micro-motion, fonctionne comme une vibration système qui transfère de l'énergie dans une gamme de 6,8 à 7,5 hertz dans la cavité ionosphérique de la Terre, qui résonne elle-même à environ 7-7,5 Hertz. De ce processus, Bentov déclare: « Cela se produit à une très longue longueur d'ondes d'environ 40 000 km, soit à peu près le périmètre de la planète. En d'autres termes, le signal du mouvement de nos corps voyage autour du monde à environ un septième de seconde à travers le champ électrostatique dans lequel nous sommes intégrés. La longueur d'onde ne connaît pas d'obstacles. Naturellement, elle passera à peu près n'importe quoi : le métal, le béton, l'eau et les champs qui composent nos corps. C'est le moyen idéal pour transmettre un signal télépathique. »

Par conséquent, le processus de passerelle est conçu pour induire assez rapidement un état de calme profond dans le système nerveux et pour abaisser significativement la pression artérielle, provoquer le système circulatoire, le squelette et tous les autres systèmes organiques et commencer à vibrer de manière cohérente à environ 7-7,5 cycles par seconde. La résonance met en place une onde sonore régulière et répétitive qui se propage en consonance avec le champ électrostatique de la Terre.

Entraînement énergétique

Comme le corps est transformé en un oscillateur cohérent vibrant en harmonie avec le milieu électrostatique environnant, les exercices inclus dans les bandes de la passerelle invitent le participant à augmenter le champ d'énergie entourant son corps, vraisemblablement en utilisant le champ d'énergie de la Terre que le corps est maintenant en train d'entraîner en raison de sa capacité à résonner avec lui. Cela met le champ énergétique du corps en homogénéité avec son environnement et favorise le mouvement du siège de la conscience dans l'environnement en partie en réponse au fait que les deux médianes électromagnétiques sont maintenant un continuum d'énergie unique. Ainsi, le même processus qui déplace le cerveau en concentré cohérence à des niveaux de fréquence et d'amplitude régulièrement plus élevés afin d'entraîner des fréquences analogues dans l'univers pour la collecte de données favorisent également l'amélioration des niveaux d'énergie corporelle à un point suffisant pour permettre au sujet un mouvement hors du corps quand il est prêt à le faire. En outre, en résonnant avec la sphère électromagnétique de la Terre, le corps humain crée une onde porteuse étonnamment puissante pour aider l'activité de communication avec d'autres esprits humains.

Conscience et énergie

Avant que notre explication puisse continuer, il est essentiel pour définir le mécanisme par lequel l'esprit humain exerce la fonction connu sous le nom de conscience, et de décrire la façon dont cette conscience opère pour déduire le sens des stimuli qu'il reçoit. Pour ce faire, nous allons d'abord considérer le caractère fondamental du monde matériel dans lequel nous vivons notre existence physique afin de percevoir avec précision les matières premières avec lesquelles notre conscience doit travailler. Le premier point à souligner est que les deux termes, la matière et l'énergie ont tendance à être trompeuses si elles sont prises pour indiquer deux différents états d'existence dans le monde physique que nous connaissons. En effet, si le terme matière désigne la substance solide par opposition à l'énergie qui est compris comme une force quelconque, l'utilisation de la première est entièrement trompeur. La science sait maintenant que les deux électrons qui tournent dans le champ d'énergie situé autour du noyau de l'atome et le noyau lui-même sont constitués de rien de plus que des grilles d'énergie oscillantes.

La matière solide, dans le sens strict du terme n'existe tout simplement pas.

La structure atomique est plutôt composé de grilles d'énergie oscillantes entourées d'autres grilles d'énergie oscillantes qui orbite à des vitesses extraordinairement élevées. Dans son livre, *Stalking the Wild Pendule,* Itzhak Bentov donne les chiffres suivants. Le réseau énergétique qui compose le noyau de l'atome vibre à environ 10 22 Hertz (ce qui signifie 10 suivis de 22 zéros). À 70 degrés Fahrenheit, un atome oscille au rythme de 10 15 Hertz. Une molécule entière, composée d'un certain nombre d'atomes liés entre eux dans un seul champ d'énergie vibre dans la gamme de 10 Hertz. Une cellule humaine vivante vibre à environ 10 hertz. L'être humain, le cerveau, la conscience sont, comme l'univers, rien de plus ou de moins qu'un système de champs d'énergie extraordinairement complexe. Les soi-disant états de la matière sont en réalité des variations de l'état de l'énergie, et la conscience humaine est fonction de l'interaction de l'énergie dans deux domaines opposés.

Hologrammes

L'énergie crée, stocke et récupère dans l'univers en la projetant à certaines fréquences dans un mode tridimensionnel qui crée un modèle vivant appelé hologramme. Le concept de l'hologramme peut être plus facile à comprendre en utilisant un exemple cité par Bentov dans lequel il demande au lecteur de visualiser un bol rempli d'eau dans lequel trois cailloux sont tombés. Comme les ondulations créées par l'entrée simultanée des trois cailloux rayonnent vers l'extérieur vers le bord du bol, Bentov demande en outre au lecteur de visualiser que la surface de l'eau est soudainement gelée, de sorte que le modèle d'ondulation est instantané. La glace est enlevée laissant les trois cailloux encore en place au fond du bol. La glace est alors exposée à une source puissante et cohérente de lumière, comme un laser. Le résultat sera un modèle en trois dimensions ou représentation de la position des trois galets suspendus dans les airs. Les hologrammes sont capables d'encoder autant de détails qu'il est possible de prendre un projection holographique d'un verre d'eau de marécage et voir de petits organismes non visibles à l'œil nu lorsque le verre d'eau lui-même est examiné. Le concept global de l'holographie, malgré ses implications scientifiques, n'a été connu du physicien que depuis les principes mathématiques sous-jacents et ont été élaborés par Dennis Gabor en 1947 (il a plus tard remporté un prix Nobel pour son travail). La démonstration en laboratoire du travail de Gabor n'a eu lieu que des années plus tard invention du laser. Comme l'explique le biologiste Lyall Watson: « Le type de lumière le plus pur dont nous disposons est celui produit par un laser, qui envoie un faisceau dans lequel toutes les ondes sont d'une fréquence, comme celles faites par un galet idéal dans un étang parfait. Lorsque deux rayons laser se touchent, ils produisent un motif d'interférence des ondulations claires et sombres qui peuvent être enregistrées sur un plaque photographique. Et si l'un des faisceaux, au lieu de venir directement du laser, est reflété d'abord d'un objet tel qu'un visage humain, le résultat Le motif sera très complexe, mais il peut toujours être enregistré. L'enregistrement sera un hologramme du visage.»

La partie code l'ensemble

Plus important encore est le fait que même si nous a laissé tomber notre hologramme gelé du modèle de l'ondulation sur le sol et l'a cassé dans un nombre de pièces que chaque pièce recréerait toute l'image holographique tout seul. Plus la pièce est petite, plus le flou et la distorsion seraient une projection holographique résultante mais le fait reste qu'une projection entière serait néanmoins faite. La clé pour créer un hologramme est que l'énergie en mouvement doit interagir avec l'énergie dans un état de repos (non-mouvement). Dans l'exemple précédent, les cailloux représentent l'énergie en mouvement alors que l'eau (avant son agitation par le cailloux) représente l'énergie à l'état de repos. Pour activer ou, en effet, pour

« percevoir » la signification d'un holographe, l'énergie (dans ce cas, une source de lumière cohérente comme un faisceau laser) doivent passer par le motif d'interférence généré par interaction entre l'énergie en mouvement et l'énergie au repos. Au simple exemple donné par Bentov, cette exigence a été remplie en maintenant le gel motif d'interférence devant la lumière cohérente pour projeter les trois images holographiques dimensionnelles (sa « signification ») dans l'espace. Comme Marilyn Ferguson, l'éditeur du Brain / Mind Bulletin nous dit: « Une autre caractéristique d'un hologramme est son efficacité. Des milliards de bits de les informations peuvent être stockées dans un espace minuscule.

La matrice de la conscience

L'univers est composé d'énergie en interaction des champs, certains au repos et d'autres en mouvement. C'est en soi un gigantesque hologramme d'une complexité incroyable. Selon les théories de Karl Pribram, un neuro-scientifique à l'université de Stanford et David Bohm, physicien à l'université de Londres, l'esprit humain est aussi un hologramme qui s'accorde à l'universel hologramme par le moyen de l'échange d'énergie déduisant ainsi la signification et la réalisation l'état que nous appelons la conscience. À mesure que l'énergie traverse divers aspects de l'hologramme universel et est perçu par les champs électrostatiques qui composent l'esprit humain, des images holographiques transportées sont projetées sur ces champs électrostatiques de l'esprit et sont perçus ou compris dans la mesure où le champ électrostatique fonctionne à une fréquence et une amplitude qui peuvent s'harmoniser avec et donc « lire » la forme d'onde porteuse d'énergie qui la traverse. Les changements dans la fréquence et l'amplitude du champ électrostatique qui comprend l'esprit humain détermine la configuration et donc le caractère de l'énergie holographique que l'esprit projette d'intercepter les transmissions de l'univers holographique. Ensuite, pour comprendre ce que l'image holographique veut « dire », l'esprit procède à comparer l'image reçue avec lui-même. Spécifiquement, il le fait en comparant l'image reçue avec cette partie de son propre hologramme qui constitue la mémoire. En enregistrant les différences dans une forme géométrique et en fréquence énergétique, la conscience perçoit. Comme le dit le psychologue Keith Floyd: « Contrairement à ce que tout le monde sait, il se peut que ce ne soit pas le cerveau qui produit la conscience – mais plutôt la conscience qui crée l'apparence du cerveau.»

Cerveau en phase

Le processus de conscience est le plus facilement envisageable si on image l'entrée holographique avec un système de grille en trois dimensions superposé dessus de telle sorte que tous les modèles d'énergie contenus peuvent être décrits dans des termes de géométrie tridimensionnelle en utilisant des mathématiques pour réduire les données à deux formes dimensionnelles. Bentov déclare que les scientifiques soupçonnent que l'esprit humain fonctionne sur un système binaire simple « go / no go » comme tous les ordinateurs numériques. Par conséquent, une fois superposée une matrice tridimensionnelle sur des informations holographiques qu'il souhaite interpréter et réduit cette information mathématiquement à une forme bidimensionnelle, l'esprit peut le traiter complètement en utilisant son système binaire fondamental comme tout ordinateur fabriqué par la main de l'homme peut traiter des volumes de données et faire des comparaisons diverses entre les données et les informations stockées dans sa mémoire. Nos esprits fonctionnent de la même manière, percevant par comparaison seulement. Bentov énonce la proposition de cette façon: « Toute notre réalité est construite pour faire de telles comparaisons chaque fois que nous percevons quelque chose, nous percevons toujours les différences. » Dans les états de conscience élargie, l'hémisphère droit du cerveau humain dans son mode de fonctionnement holistique, non linéaire et non verbal d'actes en tant que matrice primaire ou récepteur de cette entrée holographique, en opérant en phase ou la cohérence avec le cerveau droit, l'hémisphère gauche fournit la matrice secondaire, une méthode de fonctionnement de type informatique pour filtrer davantage les données par comparaison et les réduire à une forme discrète, en deux dimensions.

Évaluation

Dans la mesure où la passerelle réussit à créer un raffinement dans la matrice énergétique de l'esprit, il réussit à élargir ou à modifier la conscience pour qu'elle puisse percevoir sans recourir à l'intercession des sens physiques tels que l'hologramme universel peut finalement être perçu et compris. Marilyn Ferguson a écrit que les théories de Pribram et Bohm semblent compter pour toute expérience transcendantale, les événements paranormaux et même normal, bizarreries perceptives …

Elle continue à dire de Pribram : « Actuellement, il propose un modèle étonnant et complet suscitant une grande émotion parmi ceux qui sont intrigués par les mystères de la conscience humaine. Son modèle holographique allie la recherche sur le cerveau à physique théorique; cela explique la perception normale et simultanément prend les expériences paranormales et transcendantales du surnaturel en les expliquant dans le cadre de la nature. Comme certaines découvertes étranges de la physique quantique, la réorientation radicale de cette théorie fait soudain sens des
dictons paradoxaux des mystiques à travers les âges. »

Auto-cognition

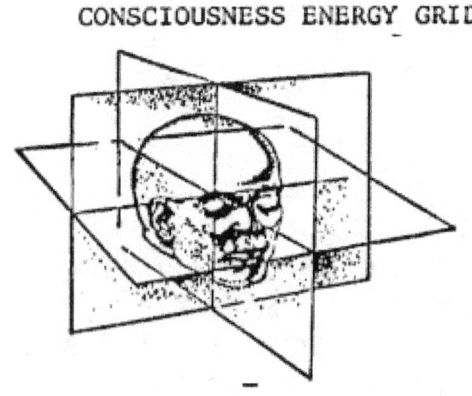

CONSCIOUSNESS ENERGY GRID

Pour combler notre contour du processus par lequel l'esprit réalise et exerce la conscience, nous devons également décrire le mécanisme qui compte pour l'aspect de la pensée humaine qui le différencie de la conscience des plantes ou des animaux, c'est-à-dire la connaissance de soi. Les humains non seulement savent, mais ils savent qu'ils savent. Ils sont capables de surveiller eux-mêmes le processus penser et maintenir une conscience de celui-ci.
La grille de conscience de l'hémisphère gauche agit comme l'esprit d'un logiciel informatique à réduire les entrées de l'hémisphère droit à des symboles et concepts verbaux. La grille de conscience de l'hémisphère droit réduit les trois dimensions, une image holographique, à une pensée, l'évaluation de la conscience pouvant le faire parce qu'il y a des normes objectives qu'elle a adoptée. L'hologramme humain projette une impulsion pour produire une connaissance verbale de soi.

Dimension de l'espace temps

Pour expliquer comment accéder dans la dimension aux limites de l'espace-temps et comprendre pourquoi la conscience humaine peut faire cela, nous devons d'abord apprécier ce que la prochaine tâche doit être. Faire qu'ils constituent le temps et l'espace sont nécessaires pour que l'énergie ou la force pénètre un être transcendé. Les physiciens défendent ça. C'est la force consciente, sans limite. Il n'a pas de commencement, pas de forme – un format infini, le pouvoir fondamental.

Dimensions intermédiaires

Depuis quelques années, inclure l'infini (c.-à-d. nos frontières), x l'existence physique mais nous ne pouvons percevoir une dimension spatio-temporelle dans laquelle nous avons des gradients ou des dimensions. Il se superpose à tout comme à la maison à travers lequel les énergies pour entrer ces dimensions intermédiaires, dans cet état d'infini, (l'Absolu). C'est un aspect de la mécanique quantique qui s'applique au fait que toute la fréquence d'oscillation (telle qu'une onde cérébrale) atteint deux points de repos complet qui constituent les limites de chaque oscillation individuelle (c.-à-d. vers le bas). Sans ces points de repos, une forme d'onde oscillante serait impossible puisque les points de repos sont nécessaires pour permettre à l'énergie de changer de direction et donc continuer à vibrer entre des limites rigides. Mais c'est aussi vrai que lorsque, pour un instant infiniment bref, cette énergie. atteint l'un de ses deux points de repos il clique de l'espace-temps et rejoint l'infini. Cette étape critique hors de l'espace-temps se produit lorsque la vitesse du l'oscillation tombe en dessous de 10 -33 centimètres par seconde (distance de Planck). Utiliser les mots de Bentov: « la mécanique quantique nous dit que lorsque les distances sont inférieures à la distance de Planck, qui est de 10 « 33 cm, nous entrons en effet dans un nouveau monde. » Le modèle d'onde de la conscience humaine atteint un tel niveau fréquence que le motif de « clickouts » est si proche qu'il y a continuité virtuelle en elle. Ensuite, une partie de cette conscience est postulée pour établir et maintenir sa fonction de collecte d'informations dans les dimensions situées entre l'espace-temps et l'absolu. Ainsi, comme le motif continu « clickout » s'établit en phase continue à des vitesses au-dessous de la distance de Planck mais avant d'atteindre l'état de repos total, la conscience passe à travers le miroir de l'espace-temps à la manière d'Alice qui commence son voyage au pays des merveilles. L'expérience Gateway, avec ses techniques Hemi-Sync associée, est apparemment conçue, si elle est utilisée systématiquement et patiemment, pour permettre à la conscience humaine d'établir un schéma cohérent de perception dans ces dimensions où s'appliquent des vitesses inférieures à la distance de Planck. C'est vrai indépendamment du fait que l'individu exerce sa conscience tandis que dans son corps physique ou s'il le fait après avoir séparé cela la conscience du corps physique.

Particules subatomiques

Le comportement des particules subatomiques fournit un exemple intéressant du phénomène de « click out » discuté dans le précédent paragraphes. Dans un article préparé pour le magazine Science Digest, le Dr John Gliedman mentionne la façon dont les particules subatomiques communiquent entre elles leurs champs d'énergie sont entraînés à la suite d'une collision entre eux. La communication concernée est, bien sûr, postulée pendant le « clic » en phase « dans l'oscillation des champs d'énergie comprenant le subatomique des particules concernées. C'est cette cause qui explique la communication croisée en termes de vitesses spatio-temporelles, semble impliquer des vitesses excessives de la lumière. En réalité, la théorie de la relativité d'Einstein n'est pas invalidée mais, la communication concernée a plutôt lieu en dehors de la dimension de espace-temps auquel la théorie de la relativité est strictement confinée. Plus précisément, Dr. Gleidman nous dit: « La théorie quantique postule une sorte de siamois à longue portée, un effet jumeau chaque fois que deux particules subatomiques entrent en collision et vont ensuite vers deux voies différentes. Même lorsque les particules sont à mi-chemin de l'univers, ils répondent instantanément aux actions de chacun. Et ce faisant, ils violent l'interdiction de la relativité plus rapide que la vitesse de la lumière. »

Dimensions Entre-deux

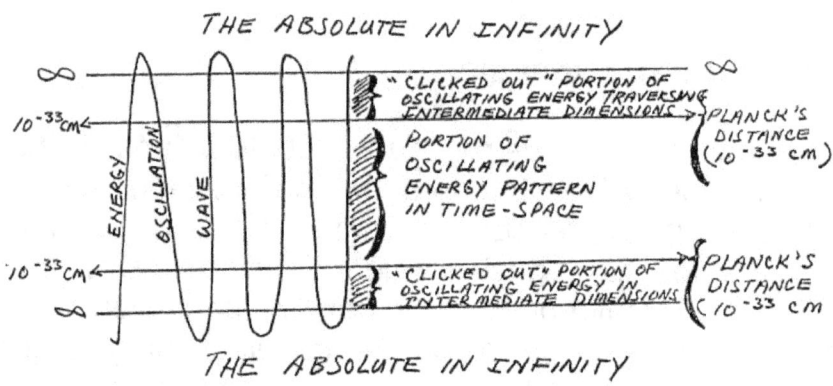

Maintenant que nous avons postulé la légitimité de la l'affirmation que les formes d'énergie qui composent la conscience peuvent dépasser la dimension spatio-temporelle, nous devons porter notre attention sur les formes d'énergie qui habitent ces dimensions entre l'espace-temps et l'Absolu. Ce faisant, nous pouvons mieux percevoir la forme que prend la réalité quand on la rencontre dans des dimensions intermédiaires. Dans ce contexte, Bentov nous dit que: « La relation de cause à effet entre les événements est rompue, les mouvements deviennent saccadés plutôt que lisse. Le temps et l'espace peuvent devenir granuleux ou trapu. Peut-être un morceau d'espace peut être traversé par une particule de matière dans n'importe quelle direction sans nécessairement être synchronisé avec un morceau de temps. En bref, une paire des événements se produiront dans le temps ou l'espace, la paire n'étant pas connectée causalement mais par une fluctuation aléatoire. »

Ça signifie que dans la dimension de l'espace-temps où les deux concepts sont appliqués de manière généralement uniforme, il y a une relation proportionnelle entre eux. Un certain espace peut être recouvert par de l'énergie se déplaçant dans une particule ou une onde se former dans un certain temps en supposant une vitesse spécifique pratiquement n'importe où dans l'univers spatio-temporel La relation est nette et prévisible. Cependant, dans les dimensions intermédiaires au-delà de l'espace-temps, les limites imposées à l'énergie pour mettre dans un état de mouvement oscillant ne sont pas uniformes comme ils sont dans notre univers physique. Une myriade de distorsions et d'incongruités diverses est donc susceptible d'être rencontré de telle sorte que nos belles hypothèses nettes concernant la relation entre le temps et l'espace tels que nous les connaissons dans cette dimension, ne s'appliquent pas. Mais encore plus important, l'accès est ouvert au passé et au futur lorsque la dimension de l'espace-temps actuel est laissé de côté.

Statut spécial, expérience hors du corps

Bien que la conscience humaine puisse, avec assez de pratique, aller au-delà de la dimension de l'espace-temps et de l'interface avec d'autres systèmes d'énergie dans d'autres dimensions, l'ensemble du processus est sensiblement amélioré si cette conscience peut être détachée dans une large mesure de la physique corps avant que cette interface ne soit tentée. Une fois qu'un individu devient compétent dans la technique du mouvement hors du corps et atteint alors le point où il sort de l'espace-temps hors de son corps, il gagne l'avantage de claquer une partie de sa conscience améliorée en partant d'une base située beaucoup plus près des dimensions avec lesquelles il souhaite communiquer. Autrement dit, puisqu'il part d'un point beaucoup plus élevé, pour utiliser une analogie dans le contexte de l'espace-temps, la partie de sa conscience impliquée dans clickouts aura beaucoup plus de temps pour interagir dans les dimensions au-delà de l'espace-temps car il faut moins de temps pour parcourir les couches intermédiaires. De plus, une fois l'individu est capable de projeter sa conscience au-delà de l'espace-temps, la conscience aurait logiquement tendance à entraîner sa sortie de fréquence avec le nouveau environnement énergétique auquel il est exposé, améliorant ainsi considérablement la que la conscience altérée de l'individu peut être encore modifiée pour atteindre un point de concentration beaucoup plus élevé et un motif oscillant très raffiné. En conséquence, un processus d'auto-renforcement devrait s'ensuivre, dans lequel la conscience dans l'état hors du corps peut être projetée au-delà de la dimension de l'espace-temps, de plus son niveau de production énergétique serait amélioré, favorisant ainsi les voyages potentiels. La conclusion provisoire à faire est que l'extérieur du corps peut être considéré comme un moyen extrêmement efficace pour accélérer le processus d'amélioration de la conscience et l'interfaçage avec les dimensions au-delà de l'espace-temps. Si le praticien de la technique Gateway a le choix de se concentrer sur réaliser et exploiter l'expérience hors du corps plutôt que de concentrer ses efforts pour développer sa conscience exclusivement à partir d'une base physique, le premier semble promettre des succès beaucoup plus rapides et impressionnants que ne le fait le deuxième choix.

L'Absolu en perspective

Il peut être utile à ce stade de faire une pause et de récapituler les principaux aspects de notre voyage intellectuel de l'espace-temps au royaume de l'Absolu. Nous avons parlé longuement de l'hologramme incroyablement complexe qui est créé par l'intersection des modèles d'énergie générés par la totalité de toutes les dimensions de l'univers, l'espace-temps inclus. Nous avons noté que nos esprits constituent des champs d'énergie qui interagissent avec divers aspects de cet hologramme pour déduire des informations qui sont finalement traitées dans l'hémisphère gauche de notre cerveau pour le réduire à une forme que nous employons pour le processus que nous appelons la pensée. Nous avons laissé entendre que cet hologramme est l'incarnation finie sous forme d'énergie active de la conscience infinie de l'Absolu. C'est le titre que nous avons assigné à cette vaste réserve d'énergie dans un état de repos parfait sur lequel l'univers physique est en couches, et d'où il vient. Incidemment, pour décrire cela, Bentov utilise l'analogie d'une mer très profonde, comparant les profondeurs de la mer à la dimension de l'Absolu en assignant les vagues lancées par la tempête pour représenter l'univers physique avec lequel nous sommes familiers. Les courants légèrement agités de la mer se trouve entre la surface turbulente et les profondeurs totalement immobiles représentent l'énergie en train de se reposer ou sortir du repos.

De Big Bang au tore

A partir de la théorie largement acceptée du Big Bang, Bentov présente un modèle conceptuel pour décrire le processus d'évolution de l'espace-temps la position relative de l'hologramme universel. Cet hologramme est souvent appelé tore car on pense qu'il a la forme générale d'un immense, spirale autonome. Basant sa thèse sur des études récentes concernant la distribution de quasars (objets quasi stellaires), et fonctionnant sur le principe que dans l'univers, les processus plus petits ont tendance à être des images en miroir modèle d'électrons autour du noyau d'un atome reflète la façon dont les planètes orbitent leurs soleils, etc.
Bentov postule le scénario suivant. En prenant sa queue de la capacité observée des quasars à éjecter des faisceaux énormément concentrés de matière de leurs intérieurs dans une version contrôlée et non concentrique du Big-Bang, il envisage un processus similaire se produisant dans la génération de l'univers. Notant que ces galaxies situées au nord de notre propre

galaxie s'éloignent plus rapidement que ceux situés au sud, et que ceux à l'est et à l'ouest sont manifestement plus éloignés, Bentov considère que comme preuve substantielle que le jet de matière qui s'est étendu dans notre univers s'est retourné sur lui-même, formant éventuellement un ovoïde ou une forme d'œuf.

Il voit « matière » dans notre univers entrant dans le modèle ovoïde après l'éjection d'un noyau composé d'énergie extrêmement comprimée à travers un trou blanc. À la fin de son voyage à l'extrémité de l'ovoïde, il le voit partir par un trou noir. Dans un tel modèle, on observe que le temps est une mesure du changement qui se produit comme l'énergie évolue vers de nouvelles formes plus complexes au fur et à mesure de sa progression du côté du trou blanc du noyau, autour de la coquille de cet œuf cosmique jusqu'à ce qu'il pénètre dans le trou noir.

En d'autres termes, en tant qu'énergie expulsée de l'infini et confinée dans les limites par le conscient de l'Absolu atteint la forme et mouvement après l'éjection du trou blanc au sommet de l'œuf, le temps commence comme une mesure de la cadence de ce mouvement évolutif en tant que « réalité » , une coquille d'œuf en route vers le trou noir.

Notre place dans le temps

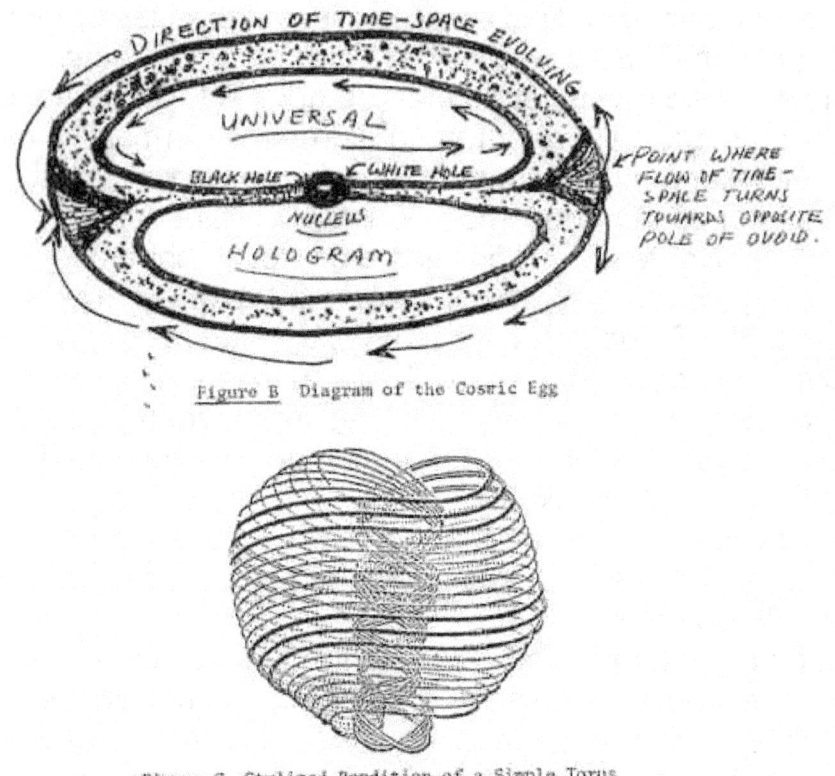

Figure B Diagram of the Cosmic Egg

Figure C Stylized Rendition of a Simple Torus

La distribution observée des galaxies suggère que notre univers particulier est situé près du sommet de l'œuf au point où la matière commence à se replier, expliquant ainsi la raison pour laquelle les galaxies là où on voit que le nord s'éloigne plus rapidement du fait du flux de matière vers l'extrémité distante de l'œuf cosmique. Au-dessus de cet œuf se trouve l'Absolu qui soutient le rayonnement, noyau à partir duquel le jet de matière d'origine sort.

Comme le courant de la matière se déplace autour de l'ovoïde vers sa destination au trou noir où elle sera réabsorbé dans le noyau rayonnant et ensuite l'Absolu, il génère le modèle d'interférence dans l'œuf cosmique qui constitue l'universel hologramme ou tore.

Depuis que le tore est généré simultanément par la matière dans toutes les différentes phases du temps, il reflète le développement de l'univers en un passé, le présent et l'avenir (comme on le verrait dans notre perspective particulière une phase de temps). En réfléchissant sur ce modèle, il devient possible de voir comment la conscience humaine amenée à un état suffisamment modifié (focalisé) pourrait obtenir des informations concernant le passé, le présent ou l'avenir car ils existent tous dans l'hologramme universel simultanément (dans le cas du futur car tous les les conséquences du passé et du présent peuvent être vues se rassembler dans l'hologramme tel que le futur peut être prédit ou vu avec une précision totale).

De plus, il est possible de voir comment l'implosion des schémas énergétiques se croise et créer un hologramme en quatre dimensions incroyablement complexe ou tore, en forme de spirale dans reflet du modèle d'évolution multidimensionnel en développement. La totalité des mouvements des énergies qui composent l'univers laissent leur marque et donc raconter leur histoire au fil du temps.

Qualité de conscience

Nous avons noté plus tôt que l'état hors du corps implique la projection d'une partie majeure du modèle d'énergie qui représente la conscience afin qu'elle puisse bouger librement dans toute la sphère terrestre à des fins d'acquisition d'informations ou dans d'autres dimensions en dehors de l'espace-temps, peut-être pour interagir avec d'autres formes de conscience au sein de l'univers. La conscience est le principe d'organisation et de soutien qui fournit l'impulsion et l'orientation pour amener et garder l'énergie en mouvement dans un ensemble donné de paramètres pour qu'une réalité spécifique en résulte. Quand la conscience atteint un état de sophistication dans lequel il peut se percevoir (son propre hologramme) atteint le point de connaissance de soi. Les êtres humains ont cette forme de la conscience comme l'Absolu, mais dans le second cas, elle est fonction de l'énergie et sa qualité de conscience associée à l'infini (omniscience et toute-puissance dans l'unité perceptuelle). Quand l'énergie revient à un état de repos total dans l'Absolu, il retourne au continuum de la conscience dans la piscine de perception illimitée et intemporelle qui y réside. Ainsi, plus un système énergétique dans l'état matériel, plus il possède de conscience pour maintenir sa réalité. Notre conscience est donc cet aspect différencié de la conscience universelle qui réside dans l'Absolu. Il compte pour l'organisation des schémas énergétiques qui constituent notre corps physique mais est distinctement distinct et supérieur à elle. Puisque la conscience existe en dehors de la réalité, au-delà des limites de l'espace-temps, il, comme l'Absolu, n'a ni début ni fin. La réalité a à la fois un début et une fin parce qu'il est limité dans l'espace-temps, mais le quantum fondamental de l'énergie et sa conscience associée est éternelle. Quand la réalité se termine, son énergie constitutive retourne simplement à l'infini dans l'Absolu.

Conscience en perspective

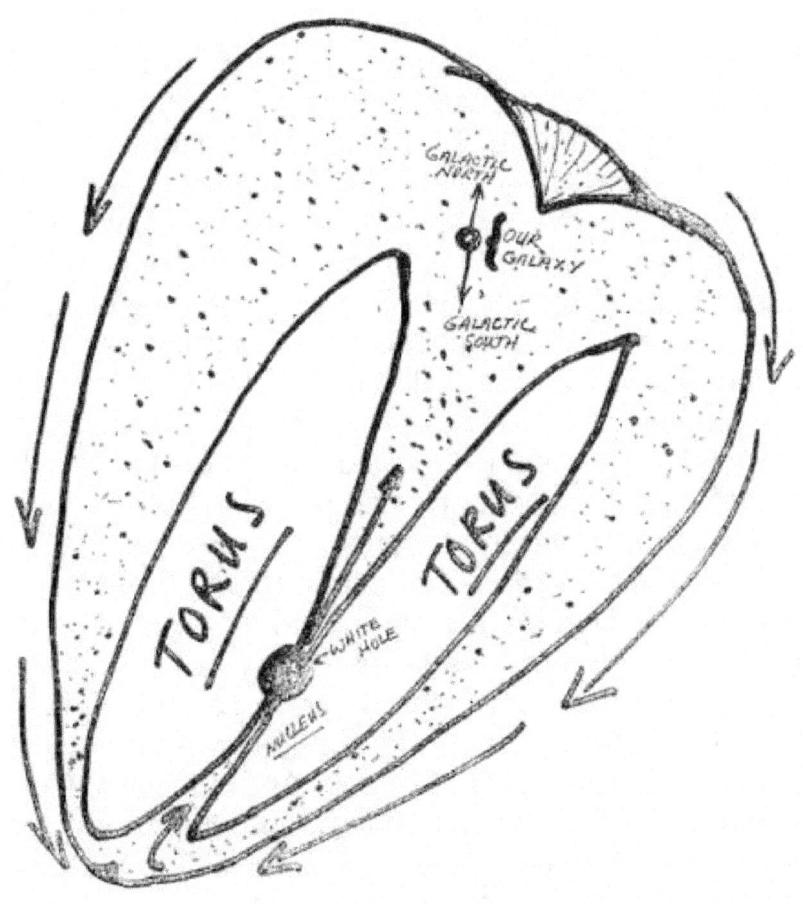

Ayant constaté que la conscience humaine est capable de se séparer de la réalité physique et d'interagir avec d'autres intelligences d'autres dimensions dans l'univers, et qu'il est à la fois éternel et destiné à retour ultime à l'Absolu nous sommes confrontés à la question: Alors, qu'est-ce qui se passe?

Puisque la mémoire est une fonction de la conscience et jouit donc du même caractère éternel comme la conscience qui explique son existence, il doit être a admis que lorsque la conscience retourne à l'Absolu, elle apporte avec elle tous les souvenirs accumulés grâce à l'expérience dans la réalité. Le retour de la conscience à l'Absolu n'implique pas une extinction de l'entité séparée que la conscience a organisée et soutenue dans la réalité. Il suggère une conscience différenciée qui fusionne et participe à la conscience universelle et l'infini de l'Absolu, sans perdre l'identité distincte et la connaissance de soi accumulée que ses souvenirs lui confèrent. Il perd la capacité de générer des hologrammes de pensée indépendants, puisque cela peut se faire uniquement par énergie en mouvement. En d'autres termes, il conserve le pouvoir de percevoir mais perd le pouvoir de volonté ou de choix. En échange, cependant, cette conscience participe au continuum infini de conscience omniscient qui est un caractéristique de l'énergie du présent. Par conséquent, lorsqu'une personne éprouve un état hors du corps, l'étincelle de conscience et de mémoire qui constitue la source ultime de son identité est projeté pour le laisser jouer et apprendre des dimensions à la fois à l'intérieur et à l'extérieur du monde de l'espace-temps dans lequel son composant physique bénéficie d'une courte période de réalité.

Méthode de passerelle

Ayant mis l'expérience de la passerelle en contexte en postulant une structure du comment, pourquoi il semble fonctionner, et montré comment l'atteindre, le moment est venu d'examiner les techniques spécifiques qui comprend le processus de formation passerelle (Gateway). Ces techniques sont conçues pour permettre à l'utilisateur des bandes Gateway de manipuler les états de haute énergie qui peuvent être atteints si l'utilisateur continue à travailler avec les bandes sur une période de temps. Le temps nécessaire pour atteindre les états énergétiques avancés et exploiter pleinement les techniques varient avec l'individu. La sensibilité de son système nerveux, son état d'esprit général et la mesure dans laquelle il peut avoir développé précédemment facilité dans les techniques connexes telles que la méditation transcendantale sont tous des facteurs affectant la vitesse à laquelle il peut s'attendre à progresser. Le processus commence en apprenant à chaque participant à isoler les préoccupations dans un dispositif de visualisation appelé une boîte de conversion d'énergie. Ensuite, le participant est initié à une méthode pour encourager son esprit et son corps à atteindre un état de résonance en prononçant un seul ton, un monotone, bourdonnement prolongé qui crée une sensation de vibration particulièrement dans la tête. Il s'engage dans cet « accord de résonance » comme on l'appelle en fredonnant avec un chorus de tels sons qui sont contenus sur la bande Gateway. Suite à cela, le participant est exposé à l'affirmation de la passerelle et est encouragé à le répéter à lui-même comme il l'entend répété sur la bande. Cette affirmation est une déclaration à l'effet que l'individu réalise qu'il est plus qu'un simple corps physique et qu'il désire profondément développer sa conscience.

Hemi-Sync introduit

Après cela, il est exposé pour la première fois aux fréquences sonores Hemi-Sync sont encouragées à se concentrer et à développer une perception et appréciation de ces sentiments qui accompagnent la synchronisation des ondes cérébrales qui en résultent. Vient ensuite la technique du progressif et systématique relaxation physique tandis que les fréquences Hemi-Sync sont étendues pour inclure des formes supplémentaires de bruit rose et blanc conçues pour mettre le corps sur le seuil virtuel de sommeil ainsi que pour calmer l'hémisphère gauche de l'esprit tout en élevant l'hémisphère droit dans un état d'attention accrue. Une fois que tout cela est réalisé, le participant est invité à envisager la création d'un ballon d'énergie composé d'un flux d'énergie commençant au centre du sommet de la tête et en descendant dans toutes les directions aux pieds. L'énergie impliquée dans ce flux passe ensuite à travers le corps et ressort dans le modèle de ballon énergétique, qui met en place un motif qui rappelle beaucoup l'œuf cosmique discuté plus tôt. Non seulement il améliore le flux d'énergie corporelle et encourage la réalisation précoce d'un état résonnant approprié, mais il est également conçu pour fournir protection contre les entités conscientes possédant des niveaux d'énergie inférieurs que le le participant peut

rencontrer dans le cas où il réalise un état hors du corps.
Il sert un objectif de précaution dans le cas improbable où la première expérience hors du corps implique une projection directe en dehors de la sphère de la Terre.

Techniques avancées

Ayant atteint le focus 10, le participant est maintenant prêt à s'efforcer d'atteindre un état de conscience suffisamment élargi pour commencer réellement interagir avec des dimensions au-delà de celles associées à son expérience physique réalité. Cet état s'appelle Focus 12 et implique des efforts conscients de sa part tandis que des formes supplémentaires de « bruit rose et blanc » entrent dans le flux sonore étant dirigé dans ses oreilles de la bande Gateway. Une fois que le participant a atteint cet état de conscience considérablement élargi, il est prêt à commencer à utiliser une série de techniques spécifiques ou « outils » tels que le caractérise l'Institut Monroe lui permettre de manipuler sa conscience élargie nouvellement trouvée pour obtenir la pratique, retour d'informations utiles pour promouvoir la découverte de soi et la croissance personnelle.

A – Une résolution de problème

Cette technique consiste à identifier les problèmes fondamentaux que l'individu souhaite voir résolu, remplissant sa conscience élargie avec son perception de ces problèmes et ensuite les projeter dans l'univers. Dans de cette façon, l'individu demande l'aide de ce que l'Institut Monroe Bealls son higher self, autrement dit sa conscience élargie, pour interagir avec l'hologramme universel pour obtenir les informations nécessaires pour résoudre le problème approche peut être utilisée pour résoudre des difficultés personnelles, des problèmes techniques domaine de la physique, des mathématiques, etc., des problèmes administratifs pratiques, etc.

Les réponses à la technique de résolution de problèmes peuvent être reçues presque immédiatement, mais souvent, ils se basent sur le développement de l'intuition au cours des deux ou trois prochains jours.

Souvent, la réponse se présente sous la forme d'une perception soudaine et holistique l'individu trouve soudainement qu'il sait simplement la réponse dans toutes ses ramifications et complètement en contexte, parfois même sans même pouvoir mettre sa perception nouvellement trouvée en mots, du moins au début.

Dans certains cas, la réponse peut même arriver sous la forme de symboles visuels que l'individu verra avec son esprit alors qu'il est dans l'état de Focus 12 et qu'il devra interpréter après son retour à la conscience normale.

B – Modelage

Cette technique implique l'utilisation de la conscience pour atteindre les objectifs souhaités dans la sphère physique, émotionnelle ou intellectuelle. Il focalise la concentration sur l'objectif souhaité dans un état Focus 12, extension de la perception individuelle de cet objectif dans l'ensemble consciente élargi, et sa projection dans l'univers avec l'intention que l'objectif désiré est déjà une affaire de succès qui est destiné à être réalisé dans le délai spécifié. Cette méthodologie particulière est basée sur la croyance que les schémas de pensée générés par notre conscience dans un état de sensibilisation élargie créer des hologrammes qui représentent la situation que nous désirons apporter et, ce faisant, établir la base pour la réalisation effective de cette objectif. Une fois l'hologramme généré par la pensée de l'objectif recherché est établi dans l'univers, il devient un aspect de la réalité qui interagit avec l'esprit l'hologramme universel pour atteindre l'objectif souhaité qui pourrait ne pas, sous d'autres circonstances, se produire. En d'autres termes, la technique de la structuration reconnaît le fait que puisque la conscience est la source de toute réalité, les pensées ont le pouvoir d'influencer le développement de la réalité dans l'espace-temps s'applique à nous si ces pensées peuvent être projetées avec une intensité adéquate. Cependant, plus l'objectif recherché est compliqué et plus il s'écarte radicalement notre réalité actuelle, plus l'hologramme universel aura besoin de réorienter la sphère de réalité pour accueillir nos désirs. Les formateurs de l'institut Monroe mettent en garde contre essayer de forcer le rythme de ce processus parce que la personne pourrait réussir en déplaçant sa réalité existante avec des conséquences drastiques.

C – Respiration de couleur

La technique suivante est appelée *respiration de couleur* et est conçue pour utiliser la prise de conscience élargie et l'attention très ciblée associée avec le Focus 12, l'état d'imaginer différentes couleurs particulièrement intenses et de manière vivante afin de les utiliser pour résonner avec et à leur tour pour activer le corps de ses propres énergies. Fondamentalement, en termes d'application pratique, c'est une technique de guérison qui est conçue pour restaurer le corps et pour améliorer ses capacités physiques en équilibrant, revitalisant et ré-accordant les flux d'énergie corporelle. C'est basé sur le principe que le champ électromagnétique du corps est capable de modifier son modèle de résonance afin d'entraîner l'énergie du champ électrostatique terrestre pour son propre usage. Les différentes couleurs envisagées dans l'imagination dans le cadre de la technique incite l'esprit à savoir quelles fréquences et quelles des amplitudes spécifiques sont souhaitées en relation avec cet entraînement et la modifications ultérieures dans les modèles de flux d'énergie corporelle. Cette couleur a la capacité d'affecter l'esprit humain et est bien connu pour son efficacité de guérison. Par exemple, l'application d'une intense la lumière bleue sur une zone de tumescence physique conduit à une rapide réduction observable du gonflement tandis que le rouge et, dans une moindre mesure, le jaune font tout l'effet inverse. Cependant, dans l'application Hemi-Sync, la technique des sources de lumière externes ne sont pas impliqués, seul l'esprit est l'agent de la guérison et la revitalisation.

D – Outil à barres énergétiques

Les baguettes magiques font partie du folklore et des pratiques occultes de nombreuses cultures. Les sceptres, le staff et les masses portés par les monarques et les grands prêtres se produisent avec une telle fréquence dans l'histoire des époques passées pour suggérer qu'à tout le moins ces éléments sont des aspects de type de symbole archétypique que l'esprit humain semble apprécier, peut-être tout à fait de façon subliminale. En tout état de cause, la technique de l'outil barre d'énergie implique d'envisager un petit point de lumière intensément pulsé que le participant charge dans son imagination avec une énergie énorme jusqu'à ce qu'il soit virtuellement pulsé. Le participant extrude le point sous la forme d'un cylindre vibrant et pétillant d'énergie qu'il utilise ensuite pour canaliser la force de l'univers vers des parties sélectionnées de son corps à des fins de guérison et de revitalisation.

E – Visualisation à distance

De plus, l'outil barre d'énergie est utilisé comme portail pour initier une technique de suivi appelée « visualisation à distance ». Dans ce contexte, le participant tourne sa barre d'énergie dans un tourbillon à travers lequel il envoie son imagination à la recherche de nouvelles idées éclairantes. Le but apparent du symbolisme impliqué dans le vortex semble être de repérer le subconscient et lui transmettre des instructions quant à ce que le participant souhaite faire mais en termes de symboles non verbaux que l'hémisphère droit de l'esprit est capable de compréhension.

F – Carte du corps vivant

Cette technique fournit une amplification pour l'application de l'outil de barre d'énergie comme moyen de guérir des zones ou des systèmes spécifiques de l'homme corps. La configuration du corps du participant est imaginée puis les différents des systèmes majeurs tels que les systèmes nerveux et circulatoire sont envisagés dans couleurs appropriées dans les limites du contour détenues dans le imagination. L'outil barre d'énergie est ensuite appliqué à l'énergie, à l'équilibrage et à la guérison de la manière dont le participant le désire. Dans le processus, le participant visualise divers flux d'énergie colorée sortant de l'outil dans le système d'organe ou de la zone sur laquelle l'application revitalisante ou de guérison est fait. Étant donné que les couleurs sont le résultat de différentes longueurs d'onde de la lumière, c'est-à-dire de l'énergie à différentes fréquences, cette technique fonctionne sur l'hypothèse comme le corps humain est composé d'énergie, il peut être vitalisé et guéri par l'application additive d'énergie supplémentaire à condition que l'énergie soit appliquée sous la forme appropriée.

G – Focus 15 – Voyage dans le passé

Toutes les techniques précédentes sont menée au niveau de la sensibilisation élargie connue sous le nom de Focus 12. Cependant, la technique du voyage dans le temps implique une expansion supplémentaire de la conscience grâce à l'inclusion de niveaux sonores supplémentaires sur les bandes Hemi-Sync. Certains sons sont une intensification de la base Hemi-Sync les fréquences étant conçues pour modifier davantage la fréquence et l'amplitude des ondes cérébrales.
D'autres aspects des motifs sonores ajoutés semblent être conçus pour fournir des suggestions presque

subliminales à l'esprit quant à ce qui est désiré par voie de conscience élargie afin de soutenir les suggestions verbales et les instructions également contenu sur la bande. Même les instructions sont hautement symboliques, avec le temps est visualisé comme une énorme roue dans l'univers avec différents rayons dont chacun donne accès à une partie différente du passé du participant. Focus 15 est un très état avancé et est extrêmement difficile à réaliser. Probablement moins de cinq pour cent de tous les participants réalise réellement pleinement l'état Focus 15 au cours des sept jours environ d'entraînement.
Néanmoins, les formateurs du Monroe Institute affirment qu'avec suffisamment de pratique, Focus 15 peut être atteint. Ils déclarent également que non seulement le passé de l'individu l'histoire est disponible pour examen par celui qui a réalisé Focus 15 mais d'autres aspects du passé avec lesquels l'individu lui-même n'a eu aucun lien peut également accédé.

H – Focus 21 – L'avenir

Le dernier et le plus avancé de tous les Focus associé au programme de formation Gateway implique un mouvement en dehors des limites de l'espace-temps comme dans Focus 15, mais en prêtant attention à la découverte de l'avenir plutôt que le passé. L'individu qui a atteint cet état a atteint un niveau vraiment avancé. Sauf dans des circonstances inhabituelles, c'est probablement impossible à atteindre que par ceux qui se sont conditionnés à travers l'application de la méditation ou par ceux qui ont pratiqué longtemps l'utilisation des cassettes Hemi-Sync pendant une période de plusieurs mois, voir plusieurs années.

Le mouvement hors du corps

Ce phénomène remarquable a été sauvé pour discussion en détail jusqu'à la dernière en raison de l'intérêt qu'il occasionne et des circonstances spéciales impliquées dans sa réalisation. Monroe Institute souligne que le programme Gateway n'a pas été établi uniquement dans le but de permettre aux participants d'obtenir l'état hors du corps et le programme ne garantit pas que la plupart des participants réussiront à le faire au cours de la formation à l'institut. Une seule bande parmi les nombreuses qui constituent l'expérience Gateway est consacré aux techniques impliquées dans le mouvement extra-corporel. Fondamentalement, ces techniques sont simplement conçues pour faciliter la réalisation de état hors du corps lorsque son modèle d'ondes cérébrales et ses niveaux d'énergie personnels ont atteint un point qu'il est apparemment en harmonie avec son électromagnétisme environnant tel qu'il sent qu'il a atteint le seuil où la séparation est une possibilité. Pour faciliter la réalisation de l'état hors du corps, Bob Monroe, le fondateur de l'Institut Monroe, est cité dans un article de magazine récent disant qu'afin d'aider le participant, la bande Hemi-Sync utilise des signaux bêta d'environ 2877,3 CPS (cycles par seconde).
Étant donné que 30 à 40 CPS sont considérées comme la plage normale des ondes cérébrales bêta signaux (ceux associés à l'état de veille), il est évident que le Monroe Institute est convaincu que le même état accru

de la fréquence des ondes cérébrales qui favorise des états de conscience modifiés est également une considération importante en aidant à obtenir des états hors du corps. Les techniques réelles employées pour se séparer du corps impliquent des manœuvres aussi simples que rouler, soulever à la manière d'un poteau téléphonique dans lequel l'individu se sépare et glisse à travers les extrémités de son corps.

Rôle du sommeil paradoxal (REM)

Il est intéressant de noter que Bob Monroe a informé la classe Gateway qui a terminé le 7 mai 1983, qu'un ex-formateur de ses opérations dans Charlottesville, en Virginie, a constaté qu'il pouvait garantir des mouvements hors du corps en ramenant les participants dans un état de sommeil rapide et ensuite utiliser la technique de bande Hemi-Sync. Cela pourrait bien être fonction du fait que la plupart des personnes, sinon toutes, sont réputées dans un état hors du corps pendant le sommeil paradoxal.
Le sommeil paradoxal est le niveau le plus profond possible de sommeil ordinaire et implique le dégagement du cortex moteur du corps fonctionne du cou vers le bas et la suppression complète de la conscience dans l'hémisphère gauche du cerveau. Le but est de mettre le corps dans un état d'immobilité complète en ce qui concerne le squelette de la structure musculaire est concernée, favorisant ainsi davantage l'état de repos profond nécessaire pour éliminer l'écho de bifurcation. De plus, il laisse l'hémisphère droit du cerveau libre de répondre aux instructions et suggestions contenues sur la bande Gateway.

Cependant, l'utilisation des bandes Hemi-Sync à ce stade peut être moins un facteur dans la réalisation de l'état hors du corps que c'est une question de concentrer le cerveau suffisamment pour que la mémoire résiduelle ai naturellement atteint un état hors du corps porté à l'état de veille. En effet, il peut même être postulé que certains rêves associés à des niveaux de sommeil profond sont en fonctions de fait du même genre de conscience altérée impliquées dans l'interaction avec l'univers qui joue un rôle dans tous les états de Focus 12, 15 et 21 décrit ci-dessus.

La différence entre ces états et la condition de l'esprit dans le sommeil paradoxal semble être que l'hémisphère gauche est presque totalement dégagé de cette dernière expérience telle que la mémoire de ce qui a été réalisé dans les états modifiés de la conscience, et ne peut généralement pas être récupéré par le désir conscient parce que l'hémisphère gauche n'a aucune connaissance de son existence ou de son emplacement dans l'hémisphère droit. Certes, certaines personnes peuvent être formées à se souvenir de leur état de rêves à travers un conditionnement intense dans l'état de veille, mais même cela peut être plus une fonction d'établir des voies dans l'hémisphère droit, que l'hémisphère gauche peut accéder à la rentrée suivante dans l'état de veille que c'est une indication de toute implication consciente spécifique de l'hémisphère gauche dans le processus pendant le sommeil paradoxal.

En tout état de cause, les trois conditions apparentes requises pour induire volontairement un état hors du corps chez la plupart des individus semble être :

1. la réalisation d'un état de profond silence dans le corps tel que l'écho de bifurcation s'estompe et résonne à environ 7 Hertz est établi,
2. la synchronisation des deux cerveaux, les formes d'onde de l'hémisphère et
3. la stimulation ultérieure de l'hémisphère droit de l'esprit pour atteindre un état de vigilance accrue (qui, bien sûr, interfère avec la synchronisation de l'hémisphère cérébral mais pas avant un niveau suffisant de la plage de fréquences a été établie pour aider à atteindre l'état hors du corps).

Potentiel de collecte d'informations

Le potentiel d'acquisition d'informations associé à l'état hors du corps semble attirer le plus d'attention de la point de vue du développement d'applications pratiques pour la technique Gateway. Malheureusement, bien que l'état hors du corps puisse apparemment être atteint par beaucoup personnes sans dépenser trop de temps ni d'efforts, les finalités peuvent être actuellement limités par le fait que, bien que les individus dans cet état peut voyager n'importe où sur une base instantanée dans le terrestre ou dans d'autres sphères, la distorsion de l'information dans le premier contexte reste un problème majeur. préoccupation. À ce jour, selon l'un des formateurs de l'Institut Monroe, de nombreux des expériences ont été menées avec des personnes se déplaçant d'une côte à l'autre dans l'état hors du corps pour lire une série de dix nombres générés par ordinateur dans un laboratoire universitaire. Bien que la plupart aient acquis suffisamment de chiffres pour faire comprendre que leur conscience était présente, personne n'a jamais réussi à obtenir les dix corrects. Cela semble être fonction du fait que la réalité physique dans le présent n'est pas la seule influence holographique que l'individu peut rencontrer dans un état hors du corps. Il y a aussi des schémas énergétiques laissés par les gens ou des événements se produisant sur le même plan physique vu, mais du passé plutôt que du présent. De plus, puisque les pensées sont le produit de l'énergie, les schémas énergétiques sont une réalité, il se peut aussi que rencontrer des formes de pensée dans un état hors du corps qui se mêle à la physique, la réalité n'est pas facilement différenciée. Enfin, comme Melissa Jager écrit, il y a est un autre problème potentiel en ce sens que les hologrammes peuvent être visualisés pseudo-scopiquement, c'est-à-dire à l'envers ou aussi bien qu'ils le peuvent être vu dans la perspective appropriée. Certaines des distorsions survenant peuvent en fin de compte prouver à cette cause parce que dans un état hors du corps un individu peut percevoir les modèles d'énergie holographique émis par des personnes ou des choses et interagir dans la réalité de l'espace-temps sous une forme quelque peu déformée.

Considérations sur le système de croyance

En 1967, Alexandra David-Neel et Llama Yongden ont écrit un livre intitulé *Enseignements oraux secrets dans les sectes bouddhistes tibétaines*, dont la citation suivante est prise :
« Le monde tangible est le mouvement, disent les maîtres, pas une collection d'objets en mouvement, mais le mouvement lui-même. »

Ce mouvement est une succession continue et infiniment rapide d'éclairs de l'énergie (en tibétain « tsal » ou « shoug »). Tous les objets perceptibles à nos sens, tous les phénomènes, de quelque nature qu'ils soient, quel que soit leur aspect, sont constitués d'une succession rapide d'événements instantanés. La description classique de l'hologramme universel se trouve dans un sutra hindou qui dit :
« Dans le ciel d'Indra, on dit qu'il y a un réseau de perles ainsi disposées que si vous en regardez un, vous voyez tous les autres reflétés. »
J'ai pris cette citation parce qu'elle montre que le concept de l'univers, au moins certains physiciens viennent maintenant à accepter, est identique dans son essentiel aspects avec celui connu de l'élite savante dans certaines civilisations et cultures de haut niveau dans le monde antique. Le concept de l'œuf cosmique, par exemple, est bien connu des chercheurs familiers avec les anciens écrits des religions orientales. Les théories présentées dans cet article ne sont pas non plus les principes essentiels du courant judéo-chrétien de la pensée. Le concept de la réalité visible (c'est-à-dire le monde « créé ») comme étant une émanation d'un tout-puissant et divinité omnisciente qui est complètement inconnaissable dans son état primaire. L'Absolu au repos dans l'infini est un concept tout droit sorti de philosophie mystique hébraïque.
Même le concept chrétien de la Trinité brille à travers le description de l'absolu tel que présenté dans cet article. La description de l'énergie totalement au repos, à l'infini correspond au concept métaphysique chrétien du Père tandis que la conscience de soi infinie résidant dans cette énergie fournit la force de volonté pour mettre en

mouvement une partie de cette énergie pour créer la réalité correspondant au fils. C'est parce que pour atteindre la conscience de soi, la conscience de l'Absolu doit projeter un hologramme de lui-même et ensuite le percevoir. Cet hologramme est une image miroir de l'absolu dans l'infini, et existe toujours en dehors du temps et de l'espace, mais est en un pas de Absolu et est l'agent réel de toute la création (toute réalité).

Aspect motivationnel

C'est une procédure étape par étape qui implique une pratique répétitive des techniques concernées, en utilisant chaque nouvel aperçu comme un moyen de pénétrer plus loin lors de la prochaine séance d'essais. Mais le rythme de progression est tellement plus rapide avec l'approche Gateway qu'avec la méditation transcendantale ou d'autres formes d'autodiscipline mentale et ses horizons semblent être beaucoup plus larges que la discipline nécessaire pour la pratiquer semble être à la portée même d'un sceptique de notre société. Contrairement au yoga et d'autres formes de discipline mentale orientale, Gateway ne nécessite pas l'infini patience et asservissement personnel total ni une foi dans un système de discipline conçu pour absorber toutes les énergies de l'individu pendant la majeure partie de sa vie. Plutôt, il commencera à produire au moins des résultats minimaux dans un délai relativement court de telle sorte que suffisamment de feedback soit disponible pour motiver et dynamiser l'individu à continuer à travailler avec elle. En effet, la vitesse à laquelle un individu peut s'attendre à le progrès semble moins en fonction du nombre d'heures consacrées à la pratique qu'une question de la rapidité avec laquelle il ou elle est capable d'utiliser les connaissances acquises à libérer les angoisses et les stress à la fois dans l'esprit et le corps. Ces points de blocage énergétique semble constituer le principal obstacle à la réalisation d'états énergétiques et une concentration de l'esprit nécessaires à une progression rapide. Le plus compulsif, plus l'individu peut être coincé au début, plus il aura d'obstacles plus il rencontrera initialement une expérience profonde ou immédiate, mais les idées commencent à venir et les blocages commencent à se dissoudre, la voie à suivre devient de plus en plus clair et la valeur de Gateway passe du statut d'une question de évaluation intellectuelle à une expérience personnelle.

Conclusion

Il existe une base rationnelle en termes de science physique, des paramètres pour considérer la passerelle comme plausible en termes de son objectif essentiel. Des intuitions intuitives non seulement personnelles mais pratiques et le caractère professionnel semble être dans les limites des attentes raisonnables.
Cependant, une approche progressive pour entrer dans l'expérience de la passerelle semblerait être nécessaire si le temps pour atteindre des états avancés de la conscience altérée doit être amené dans des limites plus faciles à gérer du point de vue de l'établissement d'une exploitation à l'échelle de l'organisation de ma passerelle. L'approche la plus prometteuse suggérée dans l'étude précédente concerne les étapes suivantes :

A. Commencez par utiliser les bandes Gateway Hemi-Sync pour obtenir une meilleure concentration du cerveau et pour induire la synchronisation de l'hémisphère.
B. Puis ajouter de fortes fréquences de sommeil paradoxal pour induire une quiescence du cerveau gauche et relaxation physique profonde.
C. Proposer une suggestion hypnotique conçue pour permettre à un individu d'induire un état auto-hypnotique profond à volonté.
D. Utiliser la suggestion auto-hypnotique pour atteindre un centre de concentration beaucoup plus important et la motivation à progresser rapidement grâce aux exercices Focus 12.
E. Répétez ensuite les étapes A et B après l'utilisation de la suggestion auto-hypnotique qu'un mouvement hors du corps se produise et se souvienne.
F. Répétez l'étape E pour obtenir la facilité d'obtenir un état hors du corps sous contrôle conscient. Modifier la suggestion hypnotique pour insister sur la capacité de consciemment contrôler les mouvements à l'extérieur du corps et maintenez-les même après la fin de l'état de sommeil paradoxal.
G. Approche des objectifs Focus 15 et 21 (échapper à l'espace-temps et interagir dans de nouvelles dimensions) du point de vue extra-corporel.
H. Utiliser une approche multi-focus pour résoudre le problème de la distorsion dans les systèmes de voyages terrestres de collecte d'informations. Cette approche implique l'utilisation de trois personnes dans l'état hors du corps, on visualise l'objet cible ici, dans l'espace-temps, en le visionnant à Focus 15 comme il se glisse dans le passé immédiat, et en le regardant à

Focus 21 comme il glisse du futur immédiat. Récapitulez les trois et comparez les données recueillies à partir des trois points de vue. Si l'on prend soin de s'assurer que les trois sortent du corps ensemble, dans le même environnement, leur énergie de conscience les systèmes devraient résonner en oscillation sympathique. Ils peuvent se connecter au mêmes plans (dimensions) avec une plus grande efficacité.

I. Encourager la recherche de la connaissance de soi par toutes les personnes impliquées dans les expériences précédentes pour améliorer l'objectivité dans l'observation hors du corps et penser et éliminer les blocages énergétiques personnels susceptibles de retarder les progrès rapides.

J. Soyez prêt intellectuellement à réagir à d'éventuelles rencontres avec des formes d'énergie intelligentes et non corporelles lorsque les limites de l'espace-temps sont dépassées.

K. Faites en sorte que des groupes de personnes dans l'état de Focus 12 unissent leurs consciences pour construire des motifs holographiques autour des zones sensibles pour repousser une présence éventuelle non désirée.

L. Encourager les participants plus avancés de la passerelle à créer des motifs holographiques de succès et des progrès rapides pour les collègues avancés pour les aider en progressant dans le système de passerelle.

Si ces expériences sont menées à bien, il faut espérer que nous trouverons vraiment la passerelle et le domaine de l'application pratique pour l'ensemble du système des techniques qui le composent.

12/ Quand les robots prennent conscience d'eux-mêmes

QBO

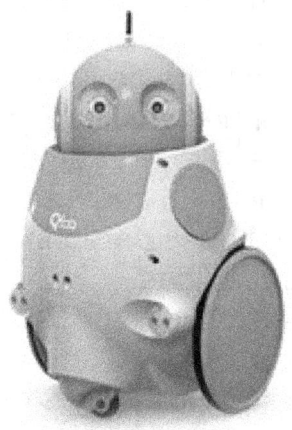

Le robot QBO est le premier robot à avoir pris conscience de qui il était lors d'un test. L'opérateur le plaça devant un miroir, et lui demanda qui il est. QBO ne su pas quoi répondre. Suite à ça, l'opérateur lui signala que ce qu'il voyait dans le miroir était son reflet. QBO analysa alors ce qu'il voyait et sa banque de données. Lorsque l'opérateur lui reposa la question, QBO, cette fois, répondit que c'était lui qui se reflétait dans le miroir. Il n'aura fallu que quelques secondes à ce robot pour appréhender et analyser ce qui se trouvait en face de lui.

NAO

Les robots NAO, plus petits que QBO, ont eux aussi participé à une petite expérience. Pour les tester, un opérateur leur signala que certains d'entre eux avaient avalé une pilule abrutissante les empêchant de pouvoir parler. Dès lors, l'opérateur leur demanda quelle pilule ils avaient pris. Un des trois robots se leva et lui signala qu'il ne savait pas quelle pilule il avait pris. Quelques secondes plus tard, le NAO s'excusa après avoir réalisé qu'il pouvait parler et que donc la sienne était un placebo. Il ne lui fallu que quelques secondes pour réaliser que lui même pouvait parler. Une prise de conscience inédite et sans aucune aide extérieure.

AI-DA

Aidan Meller, directeur de galerie d'art à Oxford, a eu l'idée de créer Ai-Da il y a huit ans, l'a nommant ainsi en hommage à la pionnière anglaise de la science informatique, Ada Lovelace. En 2017, lla conception de l'humanoïde débute dans les ateliers d'Engineered Arts. Avec l'aide de Aidan Meller, les ingénieurs ont créé le squelette, puis donné à Ai-Da une apparence féminine afin de corriger le déséquilibre entre les hommes et les femmes, omniprésent dans le monde de l'art. Les étudiants des universités de Leeds et d'Oxford ont, eux, développé le cerveau du robot composé d'algorithmes complexes. Grâce à sa programmation, Ai-Da peut converser et choisir, sans l'aide de l'homme, les œuvres qu'elle souhaite dessiner. *"On ne sait pas ce qu'elle a en tête quand elle commence à crayonner. Il est impossible de prédire ce qu'elle va réaliser"*, poursuit le marchand d'art. Comme Ai-Da ne sait que tenir un crayon et réaliser des croquis simples, elle fournit, pour terminer ses œuvres, des indications à des peintres humains qui les appliquent.

13/ Distinguer la réalité de la fiction

Pour de nombreux théoriciens, tels que Thomas Pavel, Marie-Laure Ryan ou encore Françoise Lavocat, Professeure à l'Université Sorbonne-Nouvelle, la fiction est une question de degré : il n'y a pas de frontières nettes entre la fiction et la ''réalité''.

Le philosophe Hans Vaihinger a développé en 1911 dans La Philosophie du *''comme si''*, une théorie selon laquelle toute connaissance, même scientifique, n'est que fiction. Nous connaissons les phénomènes, construisons des modèles scientifiques, mais ne pouvons pas connaître l'essence des choses.

Aujourd'hui en 2020, nous sommes plus proches de réaliser que l'on vit dans une simulation que nous ne le pensons et nous ne sommes presque plus capables de distinguer le vrai du faux. Prenons l'exemple des influenceurs virtuels.

Vous pensez que ce bel homme aux cheveux poivre et sel est réel ? Que nenni ! C'est un influenceur virtuel crée par Roarty Digital pour le célèbre fast food KFC.

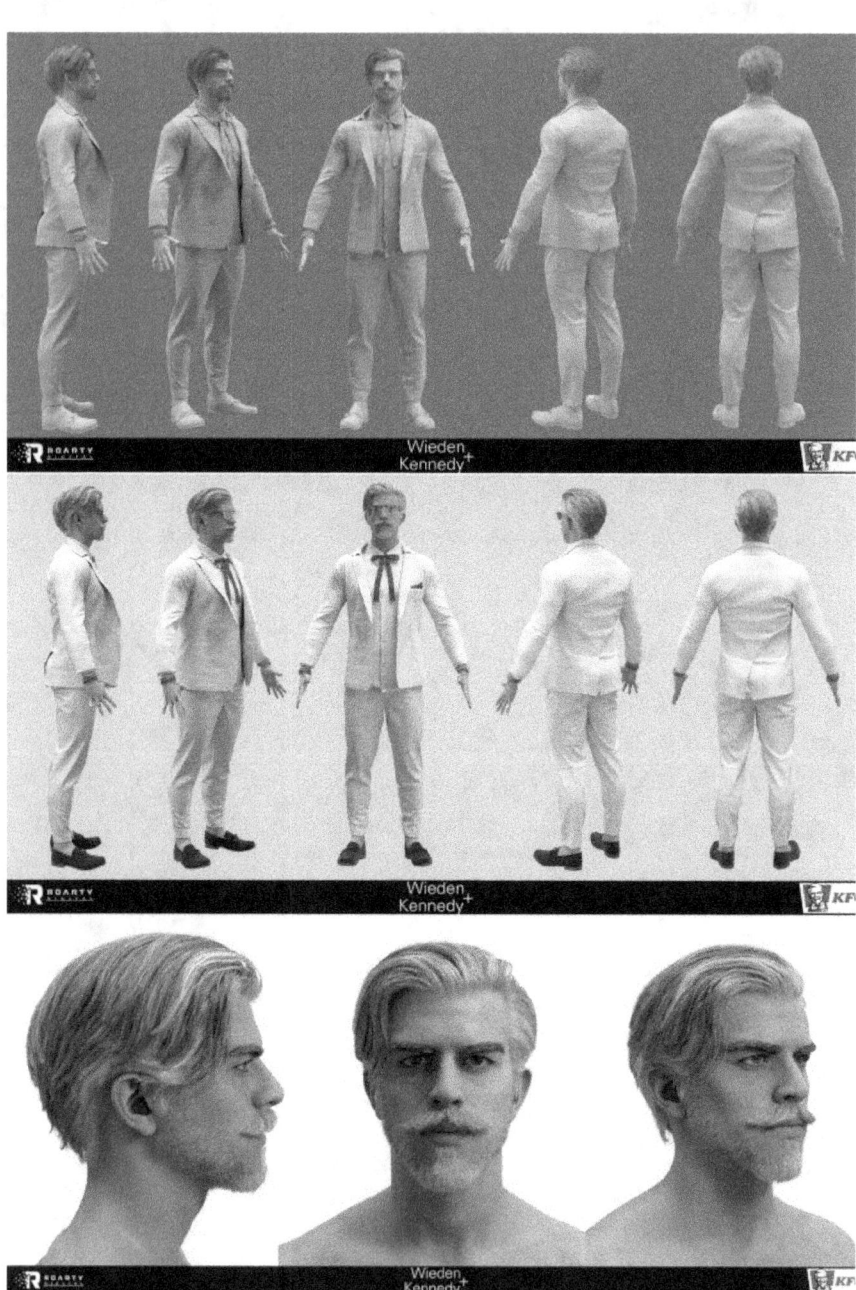

N'est-ce pas bluffant ? Le contenu d'un influenceur virtuel serait trois fois plus attrayant que celui d'un influenceur réel ! Ainsi, un humain devrait faire presque quatre fois plus de publications Instagram pour obtenir le même nombre de followers que les avatars. De grandes marques de luxe s'arrachent les influenceurs virtuels car en plus de bénéficier d'une forte visibilité, ces personnages fictifs sont plus malléables que les influenceurs humains. Ils sont totalement contrôlables, ce qui plaît beaucoup aux annonceurs.

L'une des préoccupations sociétales c'est qu'ils pourraient prendre des emplois à de vrais modèles. Ainsi le faux pèse plus lourd que le vrai ! En effet le marché des influenceurs est énorme et lucratif ;

5 milliards de dollars ont été dépensés pour le marketing d'influence Instagram en 2018, et la tendance ne fait qu'augmenter.

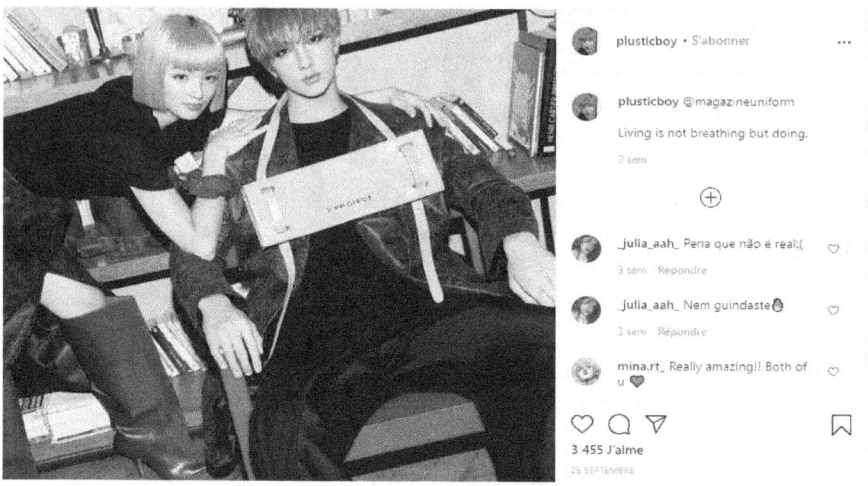

"Il n'y a pas vraiment beaucoup de différence entre une personne réelle et l'un de ces comptes CGI", explique Buzz Carter, spécialiste du marketing numérique chez Bulldog Digital Media. *"Si l'interaction et la confiance sont au rendez-vous, une campagne avec Lil Miquela devrait être aussi efficace qu'avec n'importe quel autre influenceur. C'est aussi plus facile car les influenceurs virtuels n'ont pas besoin de voyager par avion pour des séances photo avec leurs coiffeurs et maquilleurs."*

C'est ainsi que l'homme paye le lourd tribu d'être en rivalité avec des avatars qui lui ressemblent à s'y méprendre. Il est confondu avec un être CGI, est culpabilisé d'être humain et doit accepter de bientôt ne plus travailler pour laisser place à une simulation.

14/ Quelle est la nature de la simulation ?

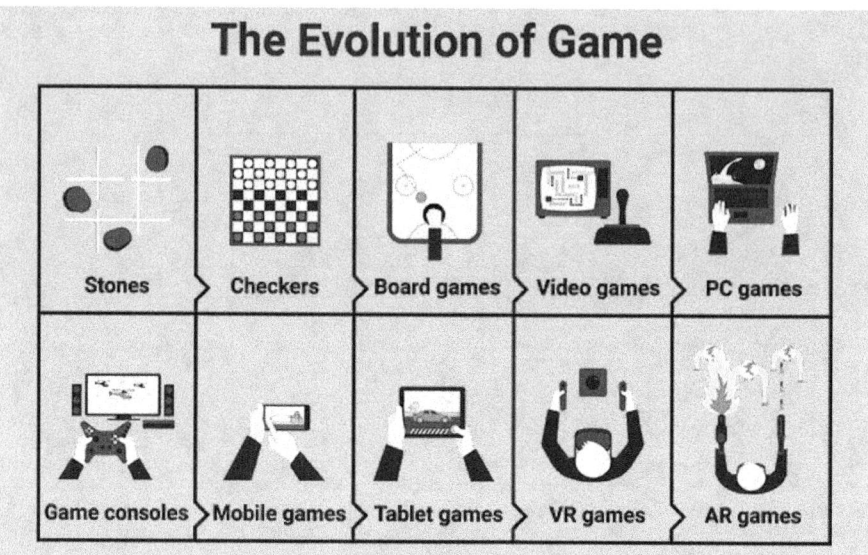

14.1/ Timeline des jeux vidéos

- **1940** : Edward U. Condon conçoit un ordinateur qui exécute le jeu traditionnel Nim dans lequel les joueurs essaient d'éviter de ramasser la dernière allumette.
- **1947** : Thomas T. Goldsmith Jr. et Estle Ray Mann déposent un brevet pour un dispositif de divertissement à tube cathodique. Leur jeu met les joueurs au défi de tirer une arme sur une cible.
- **1950** : Claude Shannon et Alan Turing créent des programmes d'échecs.
- **1952** : AS Douglass crée *OXO Noughts and crosses* au Royaume-Uni et *Tic-tac-toe* aux États-Unis, sur l'ordinateur EDSAC de Cambridge dans

le cadre de ses recherches sur les interactions homme-machine.
- **1954** : Les programmeurs des laboratoires Los Alamos du Nouveau-Mexique développent le premier programme de blackjack sur un ordinateur IBM-701.
- **1955** : L'armée américaine conçoit Hutspiel, dans lequel les joueurs rouges et bleus (OTAN et soviétiques) font la guerre.
- **1956** : Arthur Samuel présente son programme de vérificateurs informatiques, écrit sur un IBM-701, à la télévision nationale. En 1962 le programme bat un master en jeu de dames.
- **1957** : Alex Bernstein écrit le premier programme d'échecs suffisamment avancé pour évaluer quatre demi-coups en avant sur un ordinateur IBM-704.
- **1958** : Willy Higinbotham crée un jeu de tennis sur un oscilloscope et un ordinateur analogique pour le Brookhaven National Laboratory. Il a anticipé des jeux vidéo plus tardifs comme Pong.
- **1959** : Les étudiants du MIT créent Mouse in the Maze sur l'ordinateur TX-0 du MIT. Les joueurs dessinent un labyrinthe avec un stylo lumineux, puis une souris parcourt le labyrinthe à la recherche de fromage.
- **1960** : Le programmeur informatique John Burgeson développe une simulation de baseball informatique. Un mois plus tard il exécute ce programme sur un ordinateur IBM 1620.
- **1961** : La Raytheon Company développe une simulation informatique du conflit mondial de la guerre froide pour les chefs d'état-major

américains. Bien qu'elle soit sophistiquée, la simulation s'avère trop complexe. Raytheon crée alors une version analogique plus accessible appelée Grande stratégie.
- **1962** : Steve Russell, étudiant du MIT, invente *Spacewar!*, le premier jeu vidéo sur ordinateur. Le jeu se propage à travers le pays.
- **1963** : Le département américain de la Défense achève un jeu de guerre connu sous le nom de *STAGE* (Simulation of Total Atomic Global Exchange) qui démontre que les États-Unis vaincraient l'Union soviétique dans une guerre nucléaire.
- **1964** : John Kemeny crée le système de partage de temps informatique et le langage de programmation BASIC à Dartmouth. Les deux permettent aux élèves d'écrire facilement des jeux informatiques. Bientôt, de nombreux jeux sont créés.
- **1965** : Après que Dartmouth ait battu Princeton 28-14 au football, un étudiant de Dartmouth programme le premier match de football par ordinateur.
- **1966** : En attendant un collègue, Ralph Baer conçoit l'idée de jouer à un jeu vidéo à la télévision et écrit ses idées qui deviennent la base de son développement des jeux vidéo télévisés.
- **1967** : Ralph Baer développe sa *Brown Box*, le prototype de jeu vidéo qui permet aux utilisateurs de jouer au tennis et à d'autres jeux.
- **1970** : Scientific American publie les règles de *LIFE* dans la rubrique "Mathematical Games" de Martin Gardner. Dans cette simulation, des

cellules isolées ou surpeuplées meurent, tandis que d'autres vivent et se reproduisent.
- **1971** : Les étudiants du Minnesota Don Rawitsch, Bill Heinemann et Paul Dillenberger créent *Oregon Trail*.
- **1972** : Nolan Bushnell et Al Alcorn d'Atari développent un jeu de tennis de table d'arcade. *Pong* est né.
- **1974** : Deux décennies avant Doom, Maze Wars présente le jeu de tir à la première personne en emmenant les joueurs dans un labyrinthe de passages réalisés à partir de graphiques filaires.
- **1977** : Atari lance le système informatique vidéo, plus communément appelé *Atari 2600*. Doté d'un joystick, de cartouches interchangeables, de jeux en couleur et de commutateurs pour sélectionner les jeux et définir les niveaux de difficulté, il fait de millions d'Américains des joueurs de jeux vidéo à la maison.
- **1978** : *Space Invaders* de Taito arrive au Japon, provoquant une pénurie de pièces de 100 yens.
- **1979** : Le fabricant de jouets Mattel complète ses jeux électroniques portables avec une nouvelle console, l'Intellivision. Meilleurs graphismes et commandes plus sophistiquées que l'Atari 2600, Mattel vend trois millions d'unités.
- **1980** : Une part de pizza manquante inspire Toru Iwatani de Namco pour créer Pac-Man, qui sera mis en vente en juillet 1980. Cette année-là, une version de Pac-Man pour Atari 2600 devient le premier hit arcade à apparaître sur une console de salon.

- **1981** : Jumpman. mieux connu sous le nom de Mario est crée par Shigeru Miyamoto, faisant de lui la star d'un jeu ultérieur de Nintendo.
- **1982** : Disney puise dans l'engouement pour les jeux vidéo en sortant le film *Tron*. Un jeu d'arcade devient également un succès.
- **1983** : Le jeu multijoueur fait un énorme pas en avant avec *MULE* de Dan Bunten.
- **1984** : Le mathématicien russe Alexey Pajitnov crée *Tetris*, un jeu de puzzle simple mais très addictif. Cinq ans plus tard, Nintendo l'intègre avec chaque nouveau Game Boy.
- **1987** : Shigeru Miyamoto crée *Legend of Zelda*, SSI remporte la licence de jeu vidéo pour *Dungeons and Dragons* et *Sierra's Leisure*.
- **1988** : John Madden Football introduit le réalisme de grille dans les jeux informatiques.
- **1990** : Microsoft propose une version jeu vidéo du jeu de cartes classique avec Windows 3.0. *Solitaire* devient l'un des jeux électroniques les plus populaires de tous les temps et fournit des jeux occasionnels faciles à jouer comme *Bejeweled* .
- **1991** : Sega trouve son héros emblématique dans *Sonic the Hedgehog*.
- **1992** : *Dune II* de Westwood Studios établit la popularité des jeux de stratégie en temps réel.
- **1994** : Blizzard lance *Warcraft: Orcs and Humans*, un jeu de stratégie en temps réel qui introduit des millions de joueurs dans le monde d'Azeroth.
- **1995** : Sony sort la PlayStation aux États-Unis, et PlayStation 2 en 2000, devenant la console

domestique dominante. Sega quittera le secteur des consoles domestiques un peu plus tard.
- **1996** : *Lara Croft* fait ses débuts en tant que star du jeu d'aventure d'Eidos *Tomb Raider*.
- **1997** : La machine triomphe de l'homme alors que le programme d'échecs de supercalculateur d'IBM *Deep Blue* bat le champion du monde Gary Kasparov dans un match.
- **1998** : *Legend of Zelda: Ocarina of Time* transporte les joueurs dans le monde rd'Hyrule.
- **2000** : Les *Sims* de Will Wright sont des personnages représentant la "vraie vie". Ce n'est pas le premier jeu de simulation - *Utopia* on Intellivision (1982), *Populous* de Peter Molyneaux (1989), *Sid Meier's Civilization* (1991) et *SimCity* (1989) l'ont précédé.
- **2001** : Microsoft entre sur le marché des jeux vidéo avec Xbox et des jeux comme *Halo: Combat Evolved*.
- **2002** : L'armée américaine lance le jeu vidéo de l'armée américaine pour aider à recruter et à communiquer avec une nouvelle génération de joueurs. Le Woodrow Wilson International Center for Scholars lance la Serious Games Initiative pour encourager le développement de jeux qui traitent des questions de politique et de gestion.
- **2004** : Nintendo maintient sa domination sur le marché des ordinateurs de poche avec la Nintendo DS.
- **2005** : La Xbox 360 de Microsoft apporte un réalisme haute définition au marché du jeu.

- **2006 :** La Nintendo Wii permet aux joueurs de quitter le canapé et de bouger grâce à des télécommandes innovantes sensibles au mouvement.
- **2007 :** Prenez votre instrument et à jouez à *Rock Band*.
- **2011 :** *Skylanders: Spyro's Adventure* devient le premier hit de réalité augmentée. Deux ans plus tard, *Disney Infinity* rejoint les rangs des hybrides jouets-jeux vidéo.
- **2013 :** *Gone Home, The Last of Us*, and *Papers, Please* inaugure une nouvelle vague de jeux vidéo matures qui confrontent les joueurs à des choix émotionnels difficiles dans des mondes éthiquement complexes.
- **2014 :** Le free-to-play devient un modèle commercial dominant alors que des blockbusters tels que *CrossFire*, *Clash of Clans*, *World of Tanks* et même *Kim Kardashian: Hollywood* réalisent des ventes de centaines de millions de dollars grâce à des paiements par microtransaction.
- **2016 :** Les joueurs recherchent Pikachu et Horsea dans le monde réel avec *Pokémon Go* gratuit de Niantic.
- **2017 :** Nintendo's Switch introduit la première console de jeu vidéo hybride mobile avec des jeux comme *Legend of Zelda: Breath of the Wild* et *Super Mario Odyssey*.
- **2019 :** Des millions de joueurs se connectent pour regarder un astéroïde virtuel détruire la carte du jeu de bataille royale en ligne massivement

populaire d'Epic Games, *Fortnite*. Ce jeu a rapporté 2,4 milliards de dollars en 2018 .

14.2/ NPC ou RPG

Les versions actuelles de l'hypothèse de simulation sont majoritairement basées sur nos progrès récents dans la technologie des jeux vidéo. Le professeur d'Oxford Nick Bostrom a popularisé l'idée dans son article paru en 2003, *"Vivez-vous dans une simulation ?"*
Depuis lors, Elon Musk, parmi tant d'autres, a défendu cet argument, qui prétend que si une civilisation peut un jour arriver au point de simulation, la capacité technologique de créer un monde virtuel aussi réaliste que le monde physique, alors cela s'est déjà produit. Il y a probablement beaucoup plus d'êtres simulés dans les mondes virtuels que d'êtres réels dans la réalité de base. Puisqu'il n'y a pas de moyen facile de dire si nous sommes des êtres simulés ou non, on utilise des chiffres

et ils suggèrent que nous sommes plus susceptibles d'être dans une simulation que le contraire. C'est ce qui a conduit Elon Musk à supposer que la probabilité que nous ne soyons pas dans une simulation est de un sur des milliards. Ce concept est un peu l'équivalent moderne d'une idée remontant à des milliers d'années. Le bouddhisme et l'hindouisme mettent largement en avant l'idée que nous vivons dans un monde illusoire appelé *maya*. Aujourd'hui, un grand nombre de chercheurs, y compris le physicien lauréat du prix Nobel George Smoot et Leonard Susskind de Stanford, pensent que la physique nous montre déjà par le biais d'effets quantiques que nous sommes bien dans une simulation.

Sam Altman de Y Combinator a déclaré qu'il connaissait plusieurs milliardaires qui finançaient leurs propres moyens de sortir de la simulation.

Il existe deux versions de l'hypothèse de simulation qui peuvent être mieux comprises à travers l'objectif des jeux vidéo.

1. La version NPC : Toutes les entités à l'intérieur de la simulation (nous) sont en fait des personnages non joueurs (PNJ) dans les jeux vidéo - des personnages artificiels simulés qui n'existent pas en dehors du jeu.

2. La version RPG : C'est le modèle suggéré par les religions du monde, nous existons en tant qu'entités conscientes en dehors de la simulation et jouons simplement un rôle ou assumons un avatar, une incarnation, dans un monde simulé.

Si nous sommes des PNJ dans un jeu uniquement, il peut y avoir des restrictions (code) qui nous empêchent de comprendre que nous sommes à l'intérieur d'un jeu vidéo. Comme nous l'avons vu avec des gens qui font l'expérience de prendre du LSD, la conscience "altérée" peut peut-être décoder la simulation. Souvenez-vous de ceux qui perçoivent des grilles dans le ciel comme si elles étaient les limites du monde. Dans le scénario des PNJ, si nous découvrions que nous sommes dans une simulation et que les simulateurs ne voulaient pas que nous le sachions, ils pourraient simplement rembobiner la simulation, effacer ces souvenirs, au lieu de tout arrêter. Cela pourrait s'être déjà produit mais l'homme ne s'en souviendrait tout simplement pas. Philip K. Dick pensait que ça s'était déjà produit plusieurs fois et a écrit son roman, *The Man In the High Castle,* parce qu'il prétendait se souvenir d'une chronologie alternative où les nazis ont remporté la Seconde Guerre mondiale, une chronologie qui a été rembobinée par les simulateurs. Peut-être se souvenait-il de ses vies précédentes.

Si nous sommes des personnages RPG dans une simulation, cela signifie que la plupart d'entre nous existons déjà en tant qu'entités conscientes en dehors de la simulation. Mais nous ignorons ce fait car la simulation ne se distingue pas de la réalité. Un peu comme dans le film comme dans *"Matrix"* où pour Néo, arrêter la simulation signifierait se réveiller de l'illusion.

14.3/ La simulation et son créateur

Notre monde peut être simulé par différents types de créateurs :

- **Dieu :** transcendantal (au-delà de notre capacité à pouvoir comprendre) et/ou mathématique
- **Humains :** cerveau humain en état de rêve, de narration
- **IA super intelligente :** jeune IA/ordinateur quantique
- **Cerveau de Boltzmann :** suggère qu'il est plus probable pour un cerveau de se former spontanément dans un vide (avec un faux souvenir d'avoir existé) que pour que notre univers se soit crée de la manière dont la science nous l'explique
- **Extraterrestres :** IA extraterrestre

La nature peut être :

- De type informatique/holographique
- Bio holographique (Terre biologique/Espace holographique)

- Biologique et alors plongée dans "d'autres mondes" ou dimensions (sphères imbriquées)

Le type de simulation le plus probable est :

- Centré sur l'observateur
- Peu coûteux
- Simulation scientifique ou divertissante d'une possible histoire mondiale proche de la singularité
- Une simulation spécialement conçue pour obtenir un avantage personnel sur mesure, comme une simulation résurrectionnelle

La simulation infinie

Nous pourrions nous trouver dans la chaîne suivante :

1. Les humains vivent dans une simulation créée par l'espèce A.

2. L'espèce A vit dans une simulation créée par l'espèce B.
3. L'espèce B vit dans une simulation créée par l'espèce C.
4. Etc.

Arguments philosophique pour l'existence d'un créateur divin ou non

Nick Bostrom

Rappelons ici le philosophe Nick Bostrom qui postule que si une civilisation arrive au point de créer une simulation HD, alors elle peut créer des milliards de civilisations simulées avec des milliards d'êtres, car tout ce dont elle a besoin c'est de plus de puissance de calcul.
Si nous sommes des êtres conscients, nous sommes plus susceptibles d'être un être simulé qu'un être biologique.

La morale

1. Si le créateur n'existe pas, la morale objective n'existe pas.
2. Une morale objective existe.
3. Par conséquent, le créateur existe.

La contingence

1. Tout a une raison pour laquelle il existe - soit par la nécessité de sa propre nature, soit parce qu'il a été causé par autre chose.

2. Si l'univers a une raison pour laquelle il existe, c'est que le créateur l'a fait exister.
3. L'univers existe.
4. Par conséquent, le créateur a fait exister l'univers.
5. Par conséquent, le créateur existe.

Conception mathématique

1. Si le créateur n'existe pas, l'applicabilité des mathématiques au monde physique n'est qu'une coïncidence.
2. L'applicabilité des mathématiques au monde physique n'est pas simplement une coïncidence.
3. Par conséquent, le créateur existe.

Ontologie

1. Ce que rien d'égal ou de plus grand ne peut être conçu (le créateur) existe peut-être. (Prémisse)
2. Supposons que le créateur puisse manquer d'exister. (Supposition)
3. Un être qui ne peut pas manquer d'exister est plus grand qu'un être qui peut échouer. (Prémisse)
4. Si ce que l'on ne peut concevoir ni égal ni supérieur ne peut manquer d'exister, alors ce n'est pas ce que l'on ne peut concevoir ni égal ni supérieur (d'après 3)).
5. Mais c'est une contradiction.
6. Par conséquent, ce que rien d'égal ou de plus grand ne peut être conçu, donc un créateur, ne peut manquer d'exister.

Si la simulation s'arrêtait

Nick Bostrom a énuméré le risque de l'arrêt de la simulation comme l'un des risques existentiels. Comme les simulations courtes sont plus probables que les longues simulations d'univers, la fin de la simulation pourrait être proche.
Voici pourquoi la simulation peut être interrompue, du plus probable au moins probable selon la compréhension des scientifiques :

1) Surcharge des ressources de calcul de la réalité de base.
Les ressources informatiques nécessaires pour exécuter la simulation de l'humanité pourraient dépasser les ressources disponibles.
2) La simulation de singularité se termine peu de temps après la création de l'AGI car car l'IA super intelligente du nouveau-né créera probablement la sienne.
3) Simulation des risques catastrophiques mondiaux qui pourrait tester comment la race humaine évolue dans le monde bipolaire et à quelle fréquence cela se traduit par une catastrophe nucléaire, dont la civilisation ne peut pas se remettre.
4) Bugs ou virus. Cela pourrait apparaître à un niveau où la simulation doit être rechargée.
5) Sensibilisation à la simulation. Les êtres à l'intérieur de la simulation commencent à réaliser consciemment ou non qu'ils sont dans une simulation, ce n'est plus une simulation et ne peut pas être utilisé comme tel.
6) Fin de la partie. la simulation résout enfin la tâche inconnue de l'humanité, il n'est plus nécessaire d'exécuter la simulation.

7) Résiliation accidentelle. certains événements du monde réel mettent fin à la simulation. Une personne pourrait se réveiller d'un rêve si son alarme sonne ou un ordinateur pourrait subir une panne de courant.
8) Accumulation de terminaisons de la simulation imbriquée. simulation de niveau supérieur (plus proche de la réalité réelle) dans les simulations imbriquées s'éteint.
9) Fin naturelle.

14.4/ Après la mort physique

Les religions et l'âme après la mort

Selon le bouddhisme, l'âme se répartie en six destinées avec les conséquences de ses actes antérieurs et la possibilité de renaissance. Pour le christianisme, l'âme est éternelle et selon son comportement dans sa vie terrestre, observé par des anges enregistreurs, nous nous dirigeons soit vers l'enfer, soit vers le paradis. Dans l'hindouisme, il y a la notion de rétribution des fautes et des actes de bonté dans son incarnation. L'homme hérite de sa vie antérieure et de ses bons ou mauvais actes et peut se réincarner en animal ou en plante. Selon l'islam, l'âme se détache du corps après la mort et survit jusqu'au jour du jugement dernier où l'on va soit en enfer soit au paradis selon ses actes passés. Pour le judaïsme, la mort n'est pas la fin de la vie, l'âme retourne à son créateur alors que le corps devient poussière. Les enseignements parlent d'une résurrection intervenant à la fin des temps inaugurée par la venue du messie. La mort n'est donc qu'une étape de la vie, l'âme rejoignant l'âme des ancêtres.

Enfin, selon l'ésotérisme, le corps éthérique se détache du corps physique et reste lié au corps astral plusieurs jours. Le corps astral séparé est en enfer le temps de réparer ses fautes, et donc améliorer le karma pour de prochaines réincarnations. L'oubli des vies précédentes intervient lors de la nouvelle réincarnation.

Après la mort ; le néant éternel ?

Certaines personnes pensent qu'après la mort, toute expérience consciente cesse. La pensée que cette vie est la seule chose qui existe et qu'après elle vient une obscurité totale et éternelle est très angoissante. Finalement, qu'est-ce que "rien" exactement ? Un trou dans un beignet est-il quelque chose ou rien ? Une logique similaire s'applique aux ombres ; sont-elles quelque chose ou rien ? Même si les trous et les ombres ne sont rien, ils semblent avoir un lien avec quelque chose. Il est impossible d'imaginer le trou de beignet sans le beignet lui même. De même, qu'il est impossible d'imaginer une ombre sans l'objet et la lumière qui la projette.
Peut-être que ce qui existe après la mort est tout autant lié à l'existence que les ombres le sont à un objet. Cela signifie que même mort, nous ne sommes pas totalement séparé de l'existence et de ce monde. En cela, la mort ne signifie pas que nous n'existons plus, mais que nous nous transformons.

Immortalité dans les simulations

L'existence d'un très grand nombre de simulations créées implique qu'il existe d'autres copies de chaque

personne dans différentes simulations. Cela rejoint la théorie des univers parallèles. Il y a un très grand nombre mais fini de personnes possibles, limité par des combinaisons d'atomes, et si le nombre de simulations est supérieur au nombre de personnes possibles, les gens se répéteront dans les simulations. Si l'humanité actuelle se situe dans une simulation ancestrale, elle sera éventuellement exécutée plusieurs fois avec de petites variations ainsi beaucoup de ses éléments seront répétés exactement ou avec de petits variations, y compris les êtres humains.
Ainsi, si sa simulation était désactivée, d'autres simulations avec d'autres copies continueraient d'exister ; c'est une forme d'immortalité.

Les Esprits/Fantômes

Les Esprits sont des âmes dépourvues d'enveloppe corporelle qui conservent un corps éthéré. Le spiritisme pense que l'esprit survit et que c'est ce qui permet de communiquer avec l'esprit des morts. Ils seraient autour de nous et sont le plus souvent auprès de personnes qu'ils ont aimés de leurs vivants. La perception des Esprits étant très développée, ils peuvent connaître les pensées et les désirs profonds.

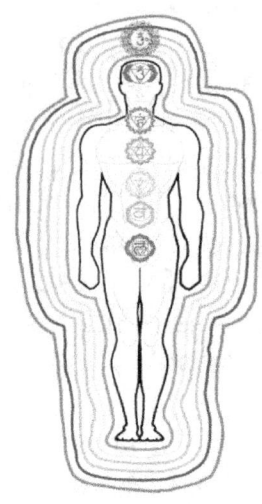

- Corps divin, spirituel, céleste
- Corps bouddhique, atmique
- Corps causal
- Corps mental   Supérieur / Inférieur
- Corps affectif / astral / émotionnel
- Corps éthérique
- Corps physique

Selon l'informaticien Curry Guinn de l'Université de Caroline du Nord à Wilmington, les rapports de phénomènes tels que les fantômes, le déjà vu et d'étranges coïncidences pourraient en fait être des problèmes dans la matrice. Ces problèmes pourraient s'avérer être une autre preuve que l'humanité ne vit pas partie dans un univers réel. D'après Guinn, nous devons faire attention et rechercher les bugs en développement. Le déjà vu, comme dans le film *Matrix* lorsque Néo voit un chat au même endroit à plusieurs reprises, peut être une sorte de bug.

"Les fantômes, ESP, et les coïncidences peuvent être des problèmes. Les lois de la physique dans notre univers semblent conçues avec un ensemble de constantes qui rendent possible la vie basée sur le carbone. Où sont les bords ?"

Reste-il des données des fantômes dans un univers holographique ?

En supposant que nous soyons l'équivalent d'un Sim's dans une simulation, qu'arrive-t-il à un avatar lorsqu'il meurt ? Parfois, par bizarrerie, à cause d'un pépin ou bug, les créatures dirigées par l'IA répondent comme si elles étaient vivantes pour elles mais absentes/invisibles pour la plupart des autres créatures. En fait, certaines pourraient par contre voir un fantôme numérique. Considérez maintenant un jeu où les développeurs n'auraient pas prévu que quelque chose comme ça pourrait arriver, alors pourquoi pas dans une version plus sophistiquée de celui-ci dans un ordinateur aussi grand que notre univers ? Lorsqu'on supprime un fichier sur notre ordinateur, il se retrouve dans la corbeille, en attendant la véritable suppression. Serait-il possible alors que les fantômes soient des données presque entre deux états : Supprimées mais disponibles dans la corbeille ? Une sorte d'intrication !

La réincarnation ; un cas hallucinant

James Madison Leininger est né le 10 avril 1998 à San Francisco, il est le fils de Bruce et d'Andrea Leininger. Les expressions de la mémoire de la vie passée du petit James se sont manifestées entre l'âge de deux et cinq ans, après le déménagement à Lafayette. La combinaison de ses souvenirs détaillés et de la capacité des parents à les vérifier en fait un cas très pertinent. Quand James avait 2 ans, sa mère remarqua un panier rempli de jouets et de bateaux et prit un petit avion à hélice pour le donner à James, ajoutant :
"Regarde, il y a même une bombe en dessous !" James répondit : *"Ce n'est pas une bombe, maman. C'est un réservoir".* En parlant de ça avec son mari, elle apprit plus tard qu'un réservoir de largage est un réservoir de carburant supplémentaire installé sur un avion pour étendre sa portée. Mais comment James aurait-il pu savoir ça à son âge ? Puis l'enfant commença à faire

des cauchemars très fréquemment au cours desquels il criait souvent : *"Accident d'avion ! Avion en feu ! Le petit homme ne peut pas sortir !"*...

Plus tard, James raconta à ses parents que le petit homme était lui-même et que son avion avait été abattu par les Japonais. Environ deux semaines plus tard, il ajouta plus de détails : son nom était James et il avait piloté un Corsair qui venait du Natoma. Au cours des trois mois suivants, James expliqua qu'il avait eu un ami, un collègue pilote nommé Jack Larsen, et qu'il avait été abattu près de Iwo Jima.

Bruce Leininger, le père de James, mal à l'aise avec l'idée de la réincarnation de son fils, commença à faire des recherches sur Internet. Il découvrit ainsi que l'USS Natoma Bay était un porte-avions, ayant servi dans le Pacifique pendant la Seconde Guerre mondiale, faisait partie d'une opération Iwo Jima, et qu'un pilote nommé Jack Larsen était basé sur le navire. Bruce approcha les vétérans de Natoma Bay, dont Larsen.

James Huston, Jr.   James Leininger

L'attention se tourna par la suite vers James McReady Huston Jr. qui s'était tué près d'Iwo Jima à l'âge de 21 ans. Les déclarations du petit James semblaient correspondre. Une exception était que Huston avait trouvé la mort dans un FM2 Wildcat, et non un Corsair. Cependant, une visite à la sœur de Huston, Anne Barron, révéla une photographie de ce dernier debout devant un Corsair, prouvant qu'il avait déjà piloté cet avion. Puis des témoignages confirmèrent que l'avion de Huston avait explosé avant de s'écraser, confirmant le récit de James. Anne Barron vérifia aussi d'autres détails que James avait donné sur sa famille précédente, y compris les problèmes causés par l'alcoolisme de son père. Après avoir parlé avec James, elle fut convaincue qu'il était bien son frère réincarné. James expliqua également qu'il se souvenait avoir choisi Bruce et Andrea pour parents, et donna quelques détails sur la période précédant sa conception. Lorsque ses parents lui demandèrent pourquoi il avait nommé ses trois poupées GI Joe Billy, Walter et Leon, il répondit que c'était parce qu'il les avait rencontré en arrivant au paradis. Les parents apprirent plus tard que trois compagnons d'escadron de Huston ayant été tués avant lui s'appelaient Billy Peeler. Walter Devlin et Leon Conner, comme ses GI Joe.

Après la publication de *Soul Survivor* en 2009, Fox 8 News a diffusé un documentaire contenant des entretiens avec le vétéran de Natoma Bay, Leo Pyatt, décrivant comment le petit James a reconnu les autres vétérans, et la sœur de Huston, Anne Barron. Le reportage raconte aussi comment une chaîne de télévision japonaise a amené la famille à Iwo Jima là où est mort Huston, et où James a pu indiquer l'endroit exact. Dans un clip de 2013 sur Fox and Friends, James, alors âgé de 15 ans, décrivait comment les cauchemars ont cessé après une libération spirituelle vécue sur le site de l'accident. James poursuivit en suggérant que la réincarnation peut être la source de ce qui semble être une connaissance innée. Il ajouta qu'il se souvient parfois de sa vie antérieure, mais qu'il va de l'avant dans sa vie actuelle.

Le point de vue de la science sur la vie après la mort

L'expérience de mort imminente EMI a été décrite en 1975 par Raymond Moody dans *"La vie après la mort"* après avoir recueilli le témoignage de plusieurs personnes en état d'EMI. A chaque fois, les mêmes mots reviennent : corps vu d'au dessus, perception d'un tunnel, attirance par un être de lumière, souvent un proche de la personne. Ces expériences ont toujours été rejetées par les scientifiques pensant à une hallucination due à l'activité rétinienne souffrant du manque d'oxygène ou à un traumatisme. Pourtant une étude parue en octobre 2014 par des scientifiques de l'Université de Southampton a tout changé. Alors qu'ils étaient en état de mort clinique, 40 % des patients ont parlé d'une sensation de conscience et ont parlé d'une sortie du corps lors de laquelle ils ont pu observer des scènes qui se sont réellement déroulées. La conscience semble donc se poursuivre après la mort.

15/ Vers une théorie du tout ? (Épilogue)

La relativité et la physique quantique pourraient-elles s'accorder ?
Andrzej Dragan du Département de physique de l'Université de Varsovie et Artur Ekert de l'Université d'Oxford y croient et proposent leur théorie dans un article récent publié par le New Journal of Physics. Même si leur travail est pour le moment purement théorique, il ouvre des perspectives très intéressantes pour comprendre ce qui a pu se passer exactement à l'apparition de l'univers ou ce qu'on pourrait trouver dans un éventuel trou noir. Les deux chercheurs ont montré qu'au niveau mathématique il est possible de déduire les effet de non-localité et de superposition de la relativité restreinte. Il en résulterait qu'il est faisable d'observer des phénomènes se déplaçant tant à la vitesse de la lumière qu'au dessus. La relativité, elle, postulait qu'aucun objet ne pouvait se déplacer à la vitesse de la lumière et au dessus. Dans leur hypothèse, on retrouve, dans le domaine de la relativité, les phénomènes quantiques de non-localité ou de superposition.
Cela fait près de cent ans que la mécanique quantique attend une théorie plus profonde pour expliquer la nature de ses phénomènes mystérieux.
Se pourrait-il qu'une théorie globale, intégrant physique relativiste et physique quantique, émerge cette nouvelle décennie ?
A l'ère d'internet, des logiciels sophistiqués et du CERN, les scientifiques modernes n'ont plus d'excuses pour ignorer la réalité de notre paradigme.

16/ Références

1/ Introduction

https://home.cern/science/physics/standard-model

https://www.letemps.ch/sciences/physiciens-apportent-une-preuve-definitive-masse-neutrinos

2/ Le big bang ; une impulsion

https://www.godandscience.org/apologetics/designun.html

https://www.forbes.com/sites/fernandezelizabeth/2020/08/18/universe-may-have-started-in-a-big-bounce-rather-than-a-big-bang-scientists-say/#45a540607202

3/ L'abiogenèse est impossible

http://edusofad.com/www/demo/wged-scp/demo/scie1m01e1.php

https://www.mun.ca/biology/scarr/4270_Redi_experiment.html

4/ L'atome est vide à 99 %

https://phys.org/news/2017-02-atoms-space-solid.html

https://www.forbes.com/sites/startswithabang/2020/04/16/you-are-not-mostly-empty-space/#6e0692002c2b *https://www.futura-sciences.com/sciences/questions-reponses/physique-si-atomes-sont-composes-vide-matiere-nest-elle-pas-transparente-13256/*

5/ Rien ne va plus vite que la lumière

https://ploum.net/pourquoi-ne-peut-on-pas-depasser-la-vitesse-de-la-lumiere/

https://gizmodo.com/5-reasons-our-universe-might-actually-be-a-virtual-real-1665353513

http://www.courselectricite.com/electromagnetisme.html

https://fr.wikipedia.org/wiki/%C3%89ther_(physique

6/ La zone de la Boucle d'Or

https://www.abc.net.au/news/science/2016-02-22/goldilocks-zones-habitable-zone-astrobiology-exoplanets/6907836

https://laterreestconcave.home.blog/2020/05/24/non-la-nasa-na-pas-trouve-un-univers-parallele-en-antarctique-la-terre-est-ouverte-aux-poles/

https://laterreestconcave.home.blog/2020/05/29/terre-creuse-vs-terre-concave-ou-la-sf-face-a-la-realite/

https://laterreestconcave.home.blog/2019/01/19/les-aurores-polaires-preuve-de-la-terre-concave-et-de-louverture-des-poles/

https://fr.wikipedia.org/wiki/Th%C3%A9ories_de_la_Terre_creuse

https://ncse.ngo/inside-out-and-round-about-part-2

https://cyprustar.wordpress.com/2017/12/28/a-geocosmos-mapping-outer-space-into-a-hollow-earth-mostafa-a-abdelkader/

https://www.globalgreyebooks.com/read-online/cellular-cosmogony/read-online.html

https://laterreestconcave.home.blog/2019/11/22/la-terre-concave-vue-par-le-professeur-paolo-emilio-amico-roxas/

https://laterreestconcave.home.blog/2019/08/13/le-systeme-solaire-est-geo-heliocentrique/

https://cyprustar.wordpress.com/2020/05/24/non-la-nasa-na-pas-trouve-un-univers-parallele-en-antarctique-la-terre-est-ouverte-aux-poles/

https://laterreestconcave.home.blog/2019/07/27/espace-temps-dans-la-terre-a-4-dimensions/

https://laterreestconcave.home.blog/2019/01/19/loctaedre-mis-en-evidence-par-le-radar-cmor/

https://laterreestconcave.home.blog/2019/01/19/le-vrai-modele-de-la-notre-terre/

https://laterreestconcave.home.blog/2019/01/19/decouverte-le-nombre-dor-trouve-dans-les-dimensions-de-la-terre-concave/

https://www.franceculture.fr/sciences/recherche-seti-pas-un-seul-murmure-de-technologies-extraterrestres

https://cyprustar.wordpress.com/2020/05/24/non-la-nasa-na-pas-trouve-un-univers-parallele-en-antarctique-la-terre-est-ouverte-aux-poles/

https://www.courrierinternational.com/article/cosmologie-des-preuves-dun-univers-parallele-decouvertes-en-antarctique

7/ Le design intelligent

http://vedicsciences.net/articles/intelligent-design.html

http://www.db-gersite.com/HISTOLOGIE/EPITHDIG/intestin/intes2/intes2.htm

https://www.secretsinplainsight.com/hidden-universal-symmetry/

https://theinfiniteyou.info/the-intelligent-design-found-throughout-nature/

https://people.howstuffworks.com/intelligent-design.htm

https://www.josh.org/what-is-the-best-evidence-for-intelligent-design-interview-with-brian-johnson/

https://www.researchgate.net/figure/De-la-structure-primaire-a-la-structure-quaternaire-des-proteines-Dapres_fig2_43642467

https://www.researchgate.net/figure/De-la-structure-primaire-a-la-structure-quaternaire-des-proteines-Dapres_fig2_43642467

https://reasons.org/explore/blogs/the-cells-design/read/the-cells-design/2019/05/29/biochemical-grammar-communicates-the-case-for-creation

https://reasons.org/explore/blogs/the-cells-design/read/the-cells-design/2019/05/29/biochemical-grammar-communicates-the-case-for-creation

https://biologiedelapeau.fr/spip.php?article9

https://www.treknature.com/gallery/photo256103.htm

https://www.creationest.com/skin-intelligent-design.html

https://www.conservapedia.com/General_and_Special_Evidence_for_Intelligent_Design_in_Biology#Positive_Evidence_for_Design

https://outlookmag.org/the-human-eye-a-case-for-intelligent-design/

https://ndgperception.weebly.com/i-le-fonctionnement-de-loeil.html

https://www.treehugger.com/how-golden-ratio-manifests-nature-4869736

https://indianexpress.com/article/explained/the-mysterious-golden-ratio-why-is-it-everywhere-now-in-human-skull-6067588/

8/ La forme de l'univers

https://www.nature.com/articles/s41550-019-0906-9

https://www.loop-doctor.nl/wp-content/uploads/2019/10/Loop-Doctor-Investigates-Why-the-universe-is-spherical_V2.pdf

9/ L'univers holographique

https://www.institutneuroperformance.com/en/neurotherapie-physique-quantique-et-univers-holographique/

https://arxiv.org/abs/1901.10489

https://cosmosmagazine.com/physics/universe-shouldnt-exist-cern-physicists-conclude

https://www.sciencedirect.com/science/article/pii/S1571064513001188

http://www.linternaute.com/science/espace/dossiers/06/theorie-du-tout/8.shtml

https://www.sciencedaily.com/releases/2019/06/190619103151.htm

https://asgardia.space/en/news/Confirmed-There-Is-No-Objective-Reality-According-to-Quantum-Mechanics

https://www.gizhub.com/physicist-discovers-reality-just-may-computer-simulation

https://www.nature.com/news/simulations-back-up-theory-that-universe-is-a-hologram-1.14328

https://www.quantamagazine.org/how-space-and-time-could-be-a-quantum-error-correcting-code-20190103/

https://trustmyscience.com/experience-quantique-confirme-realite-objective-n-existe-pas

https://futuristech.info/posts/opinion-we-are-the-sims-living-life-in-this-mega-computer-simulation

https://hackernoon.com/are-we-already-in-the-matrix-7492e89be433

10/ La fascinante similitude entre le réseau neuronal et la matière noire

https://www.webastro.net/forums/topic/55206-mati%C3%A8re-noire-et-neurones/

11/ La conscience et le cerveau

http://www.neuromedia.ca/le-systeme-limbique/

https://www.kurzweilai.net/where-is-self-awareness-located-in-the-brain

https://royalsocietypublishing.org/doi/10.1098/rsta.1998.0254

https://forum.tutoweb.org/topic/40390-sulcus-limitans/

https://en.wikipedia.org/wiki/Consciousness

https://www.science-et-vie.com/archives/qu-est-ce-que-la-conscience-34832

https://medicalxpress.com/news/2017-04-evidence-higher-state-consciousness.html

https://openyourreality.com/dreams-explained-in-a-simulated-universe/

https://mydreamsymbolism.com/dreams-about-tsunamis-meaning-and-interpretation/

https://medium.com/@neurokinetikz/the-holographic-brain-e51b7185e677

https://www.reddit.com/r/LSD/comments/9n8voh/anyone_else_seen_the_grid_whilst_on_l/

https://www.reddit.com/r/Glitch_in_the_Matrix/comments/80fbhw/weird_grid_in_the_sky/

https://www.lemonde.fr/blog/realitesbiomedicales/tag/psilocine/

https://dailygeekshow.com/analyse-reves-etude-realite/

https://www.cia.gov/library/readingroom/docs/CIA-RDP96-00788R001700210016-5.pdf

https://cyprustar.wordpress.com/2018/09/19/un-document-de-la-cia-suggere-que-nous-vivons-dans-un-hologramme/

12/ Les robots sont conscients d'eux mêmes

https://www.parismatch.com/Vivre/High-Tech/Notre-interview-de-Ai-Da-le-premier-robot-artiste-1634876

https://hitek.fr/actualite/robot-pris-conscience-de-lui-meme_6666

13/ Distinguer la réalité de la fiction

https://www.virtualhumans.org/article/can-virtual-influencers-have-real-influence

https://cyprustar.wordpress.com/2020/10/20/les-influenceurs-virtuels-volent-ils-le-job-aux-vrais/

https://fr.wikipedia.org/wiki/Fiction#Fiction_et_r%C3%A9alit%C3%A9

14/ Quelle est la nature de la simulation ?

https://productivityhub.org/2019/09/01/we-need-to-find-out-if-we-are-living-in-a-simulation/

https://arxiv.org/ftp/arxiv/papers/1905/1905.05792.pdf

https://store.steampowered.com/app/1130560/RPG_NPC_Simulator_VR/

https://kinesiologielimousin.com/aura-therapie-2

https://www.quebechebdo.com/dossiers/155491/quelle-est-la-vision-de-la-mort-selon-les-grandes-religions/

https://en.wikipedia.org/wiki/Boltzmann_brain

https://cyprustar.wordpress.com/2020/09/18/le-temps-tel-une-allumette-infinie/

https://hastyreader.com/what-happens-when-you-die/

https://psi-encyclopedia.spr.ac.uk/articles/james-leininger#footnote13_0ji2wu0

https://www.reincarnationresearch.com/past-life-story-of-james-huston-jr-james-leininger/

https://curiosmos.com/our-universe-isnt-real-scientists-say-ghosts-could-be-signs-of-a-simulated-universe/

https://supernaturalmagazine.com/articles/are-ghosts-just-people-stuck-in-the-recycle-bin-of-the-holographic-universe

https://www.museumofplay.org/about/icheg/video-game-history/timeline

https://blog.treasuredata.com/blog/2019/04/18/6-gaming-trends-to-watch-now-get-ready-for-a-revolution/

https://www.si.edu/object/tv-game-unit-8-1968:nmah_1302003

15/ Vers une théorie du tout ? (Épilogue)

https://iopscience.iop.org/article/10.1088/1367-2630/ab76f7/pdf

Contact auteur : cyprustar@gmail.com

www.ingramcontent.com/pod-product-compliance
Lightning Source LLC
Chambersburg PA
CBHW060826220526
45466CB00003B/990